现代农业技术集锦

◎ 邢永会　汤新凯　黄志勇　主编

中国农业科学技术出版社

图书在版编目（CIP）数据

现代农业技术集锦／邢永会，汤新凯，黄志勇主编．—北京：中国农业科学技术出版社，2016.9

ISBN 978－7－5116－2750－6

Ⅰ.①现…　Ⅱ.①邢…②汤…③黄…　Ⅲ.①农业技术　Ⅳ.①S

中国版本图书馆 CIP 数据核字（2016）第 222111 号

责任编辑　徐　毅
责任校对　马广洋

出 版 者　中国农业科学技术出版社
北京市中关村南大街 12 号　邮编：100081
电　　话　(010)82106631(编辑室)　(010)82109702(发行部)
(010)82109709(读者服务部)
传　　真　(010)82106631
网　　址　http://www.castp.cn
经 销 者　各地新华书店
印 刷 者　北京华正印刷有限公司
开　　本　850mm×1168mm　1/32
印　　张　4.75
字　　数　110 千字
版　　次　2016 年 9 月第 1 版　2016 年 9 月第 1 次印刷
定　　价　20.00 元

新型职业农民培育工程通用教材

《现代农业技术集锦》

编 委 会

前　言

中国共产党十八届五中全会指出，大力推进农业现代化，加快转变农业发展方式，走产出高效、产品安全、资源节约、环境友好的农业现代化道路。发展农业现代化，为农民提供现代农业技术非常必要。

本书由长期活跃在一线的高级农业技术专家根据冀州市及周边区域农业发展实际，从多年来农业技术试验、示范、推广中得出的实际经验，提炼总结，编辑成《现代农业技术集锦》一书。旨在为基层农业技术推广人员提供一部可参考的工具书，指导农业科技示范户和新型职业农民发展现代农业生产，促进农业可持续发展。

本书共8章，第一章《小麦栽培月历》由农业技术研究员程洪岐编写，第二章《玉米栽培月历》由高级农艺师王翠霞编写，第三章《棉花高产理论依据及栽培技术》由高级农艺师汤新凯编写，第四章《天鹰椒高产优质栽培技术》由高级农艺师张金琢编写，第五章《姬菇无公害栽培技术》由农艺师李保华编写，第六章《农作物测土配方施肥技术》由农艺师郜文君、高级农艺师周全奎编写，第七章《主要农作物病虫害防治》由高级农艺师陈国生编写，第八章《农业机械化新技术》由高级工程师王梅娟同志编写。

由于时间仓促，编者水平有限，书中难免有不足之处，恳请广大读者批评指正。

编　者

2016 年 5 月 10 日

目　录

第一章 小麦栽培月历

第一节 小麦基础知识

一、小麦的生育时期

小麦自出苗至成熟称为生育期。在冀州市一般从10月至翌年6月，大约240天的时间。在生产上，为便于栽培活动，把整个生育期分为若干生育时期：出苗期、分蘖期、越冬期、返青期、起身期、拔节期、孕穗期、抽穗期、开花期和成熟期。依据小麦生长发育的属性和特点，可将小麦一生划分为顺序的3个段生长，即营养生长、营养生殖并进生长和生殖生长。从种子萌发至返青期为小麦的营养生长阶段，主要是分蘖、长叶、盘根，决定穗数为主。起身期至孕穗期为营养生长和生殖生长并进生长阶段，主要是幼穗分化形成和根、茎、叶生长，决定穗粒数为主。抽穗期至成熟期为生殖生长阶段，是开花受精、籽粒形成和灌浆成熟，以决定粒重为主。3个阶段的生长中心不同，栽培管理的主攻方向也不同。

二、小麦的适宜播期

适期播种可充分合理利用自然光热资源，是实现全苗、壮苗、夺取高产的一个重要环节。播种早了苗期温度较高，麦苗生长发育快，冬前长势过旺，不仅消耗过多的养分，而且分蘖积累糖分少，抗寒力弱，容易遭受冻害，同时，早播的旺苗还容易感病。播种过晚，由于温度低，幼苗细弱，出苗慢，分蘖少（甚至无分蘖），发育推迟，成熟偏晚，穗小粒轻，造成减产。适期播种，可以充分利用秋末冬初的一段生长季节，使出苗整齐，生长健壮，分蘖较多，根系发育好，越冬前分蘖节能积累较多的营养物质，为小麦安全越冬、提高分蘖成穗率和壮秆大穗打好基础。

适宜播期的原则是要使小麦出苗整齐，出苗后有合适的积温，使麦苗在越冬前能形成壮苗。北方冬麦区常说的壮苗标准：三大两小五个蘖（包括主茎一共5个单茎）、十条根子七片叶（一般为6叶一心），叶片宽厚颜色深，趴在地上不起身。播期与温度密切相关。一般小麦种子在土壤墒情适宜时，播种到萌发需要50℃的积温，以后胚芽鞘相继而出，胚芽鞘每伸长1cm，约需10℃，当胚芽鞘露出地面2cm时为出苗的标准，如果播深4cm，种子从播种到出苗一共需要积温约为［50℃ +（4 ×10℃）+(2 × 10℃)］=110℃，如果播深3cm则出苗需要积温为100℃。在正常情况下，冬前主茎每长一片叶平均需70 ~ 80℃的积温，按冬前长6 ~ 7叶为壮苗的叶龄指标，需要420 ~ 560℃积温。加上出苗所需要的积温，形成壮苗所需要的冬前积温为530 ~ 670℃，平均在600℃左右，按照常年的积温计算，冬前能达到这一积温的日期就是播种适期。北方冬麦区在秋分播种均为适期，黄淮麦区在秋分至寒露初为宜，各地应根据当地的气温条件来确定。一般冬性品种掌握在日平均气温为17℃左右时就是播种适期，半冬性品种可掌握在14 ~ 16℃；春性品种为12 ~ 14℃，一般冬性品种可适期早播，半冬性、偏春性品种依次晚播，总之根据有效积温确定适宜播期，还要考虑到有关的土壤质地、肥力等栽培条件，进行适当调整。

三、影响小麦灌浆的主要因素

（1）温度。灌浆的最适温度为20～22℃，随温度升高灌浆过程加速，高于25℃，籽粒脱水过快，缩短灌浆过程，淀粉积累少，粒重降低。温度高于30℃，即使有灌水条件，也导致胚乳中淀粉沉积提前停止。华北地区小麦灌浆过程常出现30℃以上高温，叶片过早死亡，中断灌浆，严重影响粒重。灌浆期，发生干热风，不仅影响正常授粉结实，且造成高温逼熟。晚熟品种灌浆后期，如雨后温度骤然上升，蒸腾作用加强，即出现逼熟现象，影响灌浆正常进行，粒重下降。

（2）光照。光照不足影响光合作用，并阻碍光合产物向籽粒转移。光照条件对灌浆的影响，以灌浆盛期（开花后12～15天）最大，灌浆始期（10～12天）次之，灌浆后期（开花后25～30天）较小。除天气条件外，高产田群体过大造成株间光照不足，亦是粒重降低的主要原因，因此，应特别注意建立合理的群体结构。

（3）土壤水分。土壤水分适宜能延长绿叶功能期，保证正常灌浆，对提高粒重有重要作用。一般适宜土壤水分含量为田间最大持水量的75%左右。研究表明，灌浆期间植株和籽粒含水量降到40%时，营养物质运转、积累达最低值，低于此值导致过早脱水和灌浆停止。土壤水分过多，也会影响根系活力及对氮素的吸收，降低籽粒的含氮量，粒重降低。在完熟期，白粒品种，遇连阴雨，易导致穗发芽，籽粒品质下降。

（4）矿质营养。后期氮素不足影响灌浆过程，但氮素过多，会过分加强叶的合成作用，抑制水解作用，影响光合产物由茎叶流向籽粒，造成贪青晚熟，降低粒重。磷钾可促进碳水化合物和氮素化合物的转化，有利于籽粒灌浆成熟，所以，后期根外喷施磷、钾肥，可以提高粒重。

第二节　小麦生育期栽培月历

一、播种期（10 月）

气候特点：秋高气爽，气温下降。

主要农事：根据生产条件，搞好备播工作。

主攻目标：抓住适宜期，适时播种，力争一播苗全苗齐。

主要措施：

（1）浇足底墒水。玉米收获前 10 ~ 15 天或收获后浇水，每亩灌水 $40m^3$。

（2）整地施肥。整地前每亩（1 亩≈$667m^2$。全书同）施用纯氮 6 ~ 8kg，五氧化二磷 8 ~ 10kg，氧化钾 4 ~ 6kg，硫酸锌 1 ~ 1.5kg 做底肥。深耕 20cm 或旋耕 2 遍，深度 15cm 以上，做到上虚下实。

（3）播种。一般 10 月 6—16 日为适宜播种期，最迟不晚于 10 月 20 日，10 月 6—10 日播种的播量为每亩 12 ~ 15kg，10 月 10—16 日播种的播量为每亩 15 ~ 18kg，每推迟一天播量每亩增加 0.5kg。播种深度为 3 ~ 5cm，播后根据墒情适当镇压。

（4）防治病虫。重点是地下害虫、吸浆虫、纹枯病等种传、土传病虫害。防治措施主要是土壤处理、药剂拌种或种子包衣。用 50% 辛硫磷乳油与水、种子按 1：（50 ~ 100）：（500 ~ 1 000）的比例拌种，防治蛴螬、蝼蛄、金针虫；吸浆虫重发区，亩用 2 ~ 3kg 3% 辛硫磷颗粒剂拌砂或煤渣 25kg 制成毒土，在犁地时均匀撒于地面翻入土中；用 3% 苯醚甲环唑悬浮种衣剂（敌萎丹）50g、25% 优库（戊唑醇）悬浮剂 30g、25% 三唑酮可湿性粉剂 30g 拌种 100kg，可有效预防黑穗病、纹枯病、白粉病等。种子包衣也是防治病虫害的一项有效措施，各地应因地制宜，根据当地病虫种类，选择适当的种衣剂配方。

二、冬前管理（11月）

小麦冬前期主要以长根、长叶、长蘖的营养生长为中心。

气候特点：冷空气活动频繁，气温下降。

主要农事：因地因苗搞好苗期管理。

主攻目标：在保证苗全、苗齐、苗匀的基础上，促苗早发稳长，培养冬前壮苗，处理好分蘖数量与质量的矛盾。

管理措施：

（1）查苗补种、疏苗补缺，破除板结。小麦齐苗后要及时查苗，垄内10～15cm无苗应及时补种，补种时用浸种催芽的种子，或疏密补缺，出苗前遇雨及时松土破除板结。

（2）控制旺苗。播种过早（10月5日前），生长偏旺的麦田，可采用镇压的方法抑制小麦生长。

（3）促进弱苗。播种较晚，基肥不足或地力较弱的麦田，可结合浇冻水亩追施尿素7～8kg，磷、钾肥不足的可沟施部分复合肥。

（4）冬前防治杂草。冬前除草时间一般掌握在小麦3叶以后，在11月中旬至12月上旬，但日平均气温低于5℃防效差，不宜用药。对以阔叶杂草为主的麦田可采用15%的噻磺隆、杜邦巨星、10%的苯磺隆等，亩用量10～15g对水30kg；对于禾本科杂草发生重的麦田可用6.9%骠马每亩60～70ml或3%世玛乳油每亩25～30ml，对水30kg，茎叶喷雾防治；阔叶杂草和禾本科杂草混合发生的可用以上药剂混合使用。

三、越冬期（12月）

12月10日至翌年2月20日为冬小麦越冬期，这一时间冬小麦进入休眠状态，但地下根系仍在生长。

气候特点：气候寒冷，降雪偏少。

主要农事：因地因苗搞好镇压、浇好冻水。

主攻目标：防止冻害，保证麦苗安全越冬。

管理措施：

（1）适时浇好越冬水。在夜冻昼融，气温4℃时浇水为宜。视苗情、土质、墒情灵活掌握，黏土地适当早浇，沙土地晚浇，底施氮肥不足的结合浇水补施。

（2）镇压。在干旱的冬季，镇压可起到保墒保温的作用。

（3）严禁放牧啃青。

四、越冬期（1月）

小麦地上生长处于停滞状态，但地下根系仍在生长。

气候特点：天气最冷，雪雨少，对小麦越冬不利。

主要农事：搞好越冬期管理。

主攻目标：防止冻害，保证麦苗安全越冬。

管理措施：

（1）镇压。在干旱的冬季，镇压可起到保墒保温的作用。

（2）严禁放牧啃食。

五、返青期（2月）

2月中下旬小麦进入返青期，开始春季大量分蘖。

气候特点：天气渐暖，土壤开始解冻。

主要农事：科学运筹农艺措施，搞好小麦早春管理。

主攻目标：促进春季分蘖，巩固冬前大蘖，协调个体与群体，促苗早生长早返青。

管理措施：

（1）因地因苗分类管理，科学运筹肥水。群体小，墒情差的麦田，及早追肥浇水，亩追尿素10kg；地力高，个体壮，但墒情较差麦田，浇水可推迟到返青后起身前；墒情较好的，春季第

一水推到起身后拔节前，同时亩施尿素15～20kg。

（2）及时锄划，保墒增温促早发。土壤解冻后要及时锄划，可以保住土壤墒情，提高地温，促进小麦返青。锄划时要做到早、细、匀、平、透，不留坷垃，不压苗，深度为2～4cm。

（3）镇压。可碎土块弥补裂缝，减少水分蒸发，使土壤与根系紧密结合，具有明显的粗根壮蘖、防倒伏等作用。对于整地粗放，坷垃多的麦田和旱地麦，更应注重此措施；对于旺长大群体麦田，先镇压后锄划，有明显的控上促下抑制徒长防止倒伏的作用；对群体小的麦田不宜镇压，应以锄划为主。

六、起身期（3月）

3月中下旬小麦进入起身期，这一时期亩茎数达到高峰，分蘖开始向两极分化为有效蘖和无效蘖。

气候特点：春旱严重，风多风大，土壤蒸发快，常有冷空气入侵。

主要农事：因地因苗制宜，合理肥水运筹。

主攻目标：强壮个体，优化群体，争取穗大，穗多。

管理措施：

（1）合理运筹肥水。一般浇过返青水施过返青肥的麦田，起身期既不浇水亦不施肥。一类麦田一般春季第一次肥水推迟到拔节期，同时，亩追施尿素20～30kg；二类麦田在做好锄划保墒的基础上，第一次肥水推迟到起身末期，结合浇水亩施尿素10～13kg；三类麦在锄划保墒基础上，第一次肥水在起身后，同时，亩追施尿素10～20kg。

（2）及时锄划，破除板结。春季风大，失墒快，土壤易板结，浇后应及时锄划。对群体长势差，分蘖不足和早春浇水早返青晚的麦田更应注重此措施。此期锄划，一是破除板结保墒；二是增加地温促蘖生长；三是消除杂草；四是消灭部分害虫。

（3）适时化控防倒伏。随温度升高小麦生长速度加快，管理不善往往造成秸秆充实度差，抗倒力降低，后期存在倒伏的危险，特别是基本苗较多的麦田更应注重化控防倒伏。一般在起身至拔节期间，亩喷施小麦专用防倒剂壮丰安30～40ml，对水20～25kg，可有效防止小麦倒伏。

（4）返青至拔节期的防治重点是小麦纹枯病。防治上宜早不宜迟，对于有发病史的麦田应3月上旬喷第一次药剂，隔10～15天再喷1次。亩用20%纹枯净可湿性粉剂25～40g、12.5%禾果利可湿性粉剂15～20g或25%优库悬浮剂20～30g，对水30kg，对准小麦茎基部进行喷雾，可兼治其他病害。

七、拔节期、孕穗期（4月）

4月上旬小麦拔节后，进入小麦营养生长和生殖生长并进阶段；4月下旬进入孕穗期，此期对肥水要求最多，同时，又是需水临界期。

气候特点：气温回升快，但冷空气活动频繁。

主要农事：看天看地看苗，合理运筹肥水，促进分蘖两极分化，提高整齐度。

主攻目标：提高成穗率，保证亩穗数。

管理措施：

（1）浇足孕穗水，促进小花分化和发育，增加穗粒数。

（2）喷施叶面肥。亩喷施500倍的磷酸二氢钾30kg。

（3）防治病虫。孕穗至抽穗扬花期的防治重点是小麦吸浆虫、麦蚜，监测白粉病、锈病、赤霉病等。吸浆虫的防治，要抓住吸浆虫幼虫上升到土表活动时进行土壤处理，时间在4月15～25日，亩用40%甲基异柳磷乳油或40%毒死蜱150～200ml对水1kg，拌细土25kg制成毒土，顺麦垄均匀撒施，对于粘在麦叶上的毒土，要用竹竿或扫帚将其震落。吸浆虫重发区，不仅仅要撒

毒土，还要在小麦抽穗达到80%～90%时（时间在5月1日左右），进行小麦吸浆虫成虫防治，方法是亩用4.5%高效氯氰菊酯35ml或2.5%功夫菊酯30ml，对水30kg进行全田茎叶喷雾。

白粉病、锈病等病亩用12.5%禾果利可湿性粉剂20g或20%三唑酮乳油50～75ml对水30kg均匀喷雾，防治效果很好。小麦齐穗至始花期，若天气预报有3天以上连阴雨天气，应立即亩用50%多菌灵可湿性粉剂100g或70%甲基托布津可湿性粉剂100g，对水30kg喷雾，可有效预防赤霉病发生。

专家提醒：4月上旬冀州市常发生倒春寒，防止早春冻害的最有效措施是密切关注天气变化，在降温之前灌水，调节近地面层小气候，防御早春冻害。若一旦发生冻害，就要及时进行补救，主要措施：一是抓紧时间追施速效化肥，促苗早发，一般亩追施尿素10kg左右；二是中耕保墒，提高地温；三是叶面喷施植物生长调节剂，促进受冻小麦尽快恢复生长。

八、抽穗、开花、灌浆成熟期（5月）

5月上旬为抽穗开花期，是抽穗开花授粉的过程，生理代谢最旺盛，耗水量最多。小麦授粉后进入坐脐，为灌浆成熟期，是产量形成期。

气候特点：大气干燥，风速大，雨水偏少，光照充足。

主要农事：搞好灌浆肥水，防早衰、防病虫、防倒伏、防干热风。

主攻目标：提高受精率，减少不育小花；提高灌浆速度，增加千粒重。

管理措施：

（1）合理浇水。抽穗期浇足水，为开花期耗水打下基础。

（2）喷施叶面肥。抽穗后至收获前7～10天，可亩喷施500倍的磷酸二氢钾液30kg，连喷2～3次。可有效增强叶面功能，减少小花退化，增加粒数和粒重，同时，能减轻干热风的危害。

(3) 防治病虫害。白粉病、锈病、蚜虫等都是导致粒重下降的重要因素，应及时进行防治。小麦蚜虫的防治亩用2.5%功夫菊酯乳油40～60ml或40%氧乐敌乳油50ml，对水30kg进行喷雾。防治白粉病、锈病的方法同上，同时，可兼治叶枯病等。

九、收获期（6月）

6月上旬冀州市进入小麦收获期，小麦收获最佳时期为腊熟末期，此期穗下节间呈金黄色，穗下第一节间呈微绿色，籽粒全部转黄，用手掐已变硬。

气候特点： 天气多变，常有风雹出现。

主要农事： 搞好收获期准备。

主攻目标： 适时收获，做到颗粒归仓。

管理措施： 适时、抢时收获，并及时晾晒。

专家提醒： 小麦成熟收获时期，正是冀州市气候多变期，应根据天气状况和生产条件，灵活掌握收获时机。

第二章　玉米栽培月历

第一节　玉米基础知识

一、玉米的生育时期

从播种到种子成熟的整个生长发育过程中，在植株外部形态和内部组织发生阶段性的变化，这些阶段性的变化，即称为生育时期。常用生育时期和标准如下。

（1）出苗。播种后种子发芽出土高约2cm，称为出苗。

（2）拔节。雄穗分化到伸长期，靠近地面用手能摸到茎节，茎节总长度2~3cm时，称为拔节。

（3）抽雄。当玉米雄穗尖端从顶叶抽出时，称为抽雄。

（4）开花。植株雄穗开始开花散粉，称为开花。

（5）吐丝。雌穗花丝开始露出苞叶，称为吐丝。

（6）成熟。玉米苞叶变黄而松散，子粒剥掉尖冠出现黑层，籽粒经过干燥脱水变硬呈现显著的品种特点，称为成熟。

此外，在生产上常用大喇叭口作为施肥灌水的重要标志。其特征：棒三叶（果穗及其上下两叶）开始甩出而未展开；心叶丛生，上平中空，状如喇叭；雌穗进入小花分化期；最上部展出叶与未展出叶之间，在叶鞘部位能摸出发软而有弹性的雄穗，即为大喇叭口。

二、玉米的生长发育过程

玉米从播种到新的种子成熟为止，称为玉米的一生。结合其生育特点，整个生长发育过程可分为3个阶段。

（1）苗期阶段。指播种至拔节的一段时间，是生根，分化茎叶为主的营养生长阶段。生育特点是：根系发育比较快，至拔节期已基本形成强大的根系，但地上部茎叶生长比较缓慢。

（2）穗期阶段。从拔节至抽雄的一段时间。生育特点是：营养生长和生殖生长同时并进，叶片增大，茎节伸长等营养器官旺盛生长和雌雄穗等器官强烈分化与形成。是玉米一生中生长发育最旺盛的阶段，也是田间管理最关键的时期。

（3）花粒期阶段。从抽雄至成熟。生育特点：基本上停止营养体的增长，进入以生殖生长为中心的时期，是经过开花、受精，进入籽粒产量形成为中心的阶段。

三、玉米品种不同类型的特点

玉米从出苗至成熟所经历的天数，称为玉米的生育期。生产上按生育期长短不同分为早熟、中熟、晚熟3种类型。

早熟类型玉米品种的特点：生育期春播70～100天，夏播70～90天。植株矮小，叶片数少，一般14～18片叶。生育期间要求≥10℃积温1 800～2 300℃。适合生长季节短的地区种植。

晚熟类型玉米品种的特点：生育期春播120～150天，夏播100天左右。植株高大，茎秆粗壮，一般叶片多达21～25片。生育期间要求≥10℃积温2 700℃以上。适合春播栽培。

中熟类型玉米品种的特点：植株性状介于早熟类型品种和晚熟类型品种之间，叶片数一般18～20片，生育期间要求≥10℃积温2 300～2 700℃。适应地区较广，在冀州市可套种或麦后复种。

四、玉米籽粒形成和成熟

玉米籽粒形成和成熟过程可分为4个时期，即籽粒形成期、乳熟期、蜡熟期和完熟期。

（1）籽粒形成期。在受精后15～20天（中、早熟种约15天，晚熟种约20天），胚分化基本结束，胚乳细胞已形成。外部形态呈乳白色球状体。该期籽粒增长迅速，如遇干旱缺水，叶黄脱肥，极易造成秕粒和秃尖。

（2）乳熟期。该期约有20天，自吐丝15～20天后到34～37天。此期胚乳细胞迅速灌浆，籽粒干重增长较快，随籽粒增大果穗不断增粗，为籽粒形成重要阶段。此期能够保证养分和水分的供应，密度适宜，通风透光良好，保持最大叶面积，增强灌浆强度，可以有效地提高粒重。

（3）蜡熟期。此期有10～15天，自吐丝后35～37天起到49天。籽粒灌浆速度减缓。该期如能保持土壤水分在田间最大持水量的70%，可避免叶片早衰黄枯，保证灌浆增加粒重。如遇干旱应及时浇水可增产10%。

（4）完熟期。籽粒蜡熟末期，含水量降到40%以下，已基本停止灌浆，籽粒缩小变硬。当籽粒含水量达到20%以下时，粒色具有光泽，指甲已不能掐破，在乳腺消失，胚的基部出现黑层，苞叶黄枯松散，进入完熟时期。

五、影响玉米穗分化因素

玉米穗分化过程是玉米产量形成的主要内容，掌握其与外界条件的关系，对正确地采用农业技术措施，促进穗多、穗大、粒多、粒重，有重要意义。

（1）温度和水分。一定范围内，温度愈高，生长愈快，以25～27℃为宜。玉米进入雌穗小穗、小花分化期，水分亏缺严重阻碍小穗和小花分化，增加败育花减少每穗粒数。

（2）土壤肥力。土壤肥力高低对于玉米雌穗分化和发育影响较大，土壤高肥力比中等肥地玉米的雌穗小穗和小花分化期提早5～7天，抽丝提早4～5天，产量较高。而低肥地小穗、小花分化期延迟13～15天，抽丝期延迟12天，因而产量低。追肥可促使雌穗良好发育。

（3）密度。雌穗分化的速度和穗的大小与种植密度关系密切，高密度群体的植株比低密度群体的植株，花原基形成完全发育的小花少，有些小花抽不出花丝。所以，败育花、败育粒多，穗子小。

（4）光照。光照不充足对穗的分化和发育影响很大，其中，以吐丝前后影响最大。

（5）品种。

六、玉米的产量形成

玉米的经济产量是由穗数、穗粒数和粒重所组成。高产是三者最适组合的结果。

（1）穗数。玉米是独秆大穗、单株生产力高的作物，增加种植密度，是增加每公顷穗数最有效的易行措施。雌穗败育的临界期是吐丝期前后。性器官形成期至吐丝后10余天内决定每株穗数的时期，其中，吐丝前后为关键时期。

（2）穗粒数。穗粒数的多少，取决于雌穗分化的小花数，受精的小花数以及授粉后的小花能否发育成有效的粒数。

雌穗分化的小花数是决定粒数的前提，吐丝后5～10天是最后确定总花数的适宜时期。从吐丝至灌浆高峰期是有效粒数决定时期，其中，以吐丝到吐丝后14天为关键时期。

（3）粒重。粒重的高低取决于“籽粒库容”的大小、灌浆速度及灌浆时间。籽粒库容（籽粒体积）决定于粒重的最大潜

力，而灌浆速度和灌浆持续期则决定粒重最大潜势可能实现程度。吐丝至授粉后35天是决定粒重的时期，其中，授粉后12～35天是决定粒重的关键时期。

第二节　玉米生育期栽培月历

一、播前准备（5月）

气候特点：光照充足。
主要农事：玉米备播。
主攻目标：因地制宜，选好品种。
管理措施：

（1）选种。选用纯度高的优良杂交种。

（2）晒种。播前晒种2～3天，可有效地提高出苗率。

二、播种和苗期（6月）

1. 播种

气候特点：光照充足、天气多变，常有风雹出现。
主要农事：播种并搞好苗期管理。
主攻目标：抢时播种，力争一播苗全、苗齐、苗壮。
管理措施：

（1）播期。小麦收获后及时抢播，越早越好，一般不晚于6月18日。

（2）播种形式。采用等行距播种技术，行距60cm左右。

（3）施种肥。每亩施纯氮7～9kg，氧化钾8～10kg。

（4）免耕播种。小麦收获后秸秆还田，抢时免耕播种。播种机速度4km/小时，防止漏播，保证播种质量。

（5）播量。亩用播种量1～1.5kg。

（6）浇蒙头水。播后及时浇蒙头水，灌水量为40m^3/亩。

（7）防治病虫草害。

①采用种子包衣或每亩用50%辛硫磷乳油200～250g加细土25～30kg拌匀后顺垄条施，或用3%辛硫磷颗粒剂4kg对细沙混合后条施防治地下害虫。

②用3%敌萎丹按0.5：100拌种或用25%粉锈宁按0.3%剂量拌种，防治黑穗病、纹枯病和全蚀病。

③对于田间杂草尚未出土或者杂草刚出土，还没有长出真叶，可用50%乙草胺乳油、40%乙莠水悬浮剂、40%乙·阿合剂等抑制杂草发芽的除草剂，可在玉米播种后出苗前，进行地面喷雾防止杂草出苗。

2. 苗期

玉米从出苗到拔节为苗期。苗期的生育特点是以根系生长为中心，主要特性是耐旱怕涝怕草害。

主攻方向：保证全苗，培育壮苗。

管理措施：

（1）查苗补苗保全苗。玉米出苗后及时查苗，缺苗少苗时可采用就近留双株或移栽补苗。

（2）适时定苗，去杂去劣。玉米早间苗，适时定苗，可避免幼苗拥挤和相互遮光，节省土壤水分和养分，有利幼苗茁壮生长。一般在2片展开叶时定苗，定苗时要留壮苗、匀苗、齐苗，去病苗、弱苗、小苗、自交苗。如地下害虫较多，定苗时间可适当推迟，以保全苗，但最晚不宜超过6片叶子。

（3）留苗密度。紧凑型品种留苗4 500～5 000株/亩，半紧凑型品种留苗4 000～4 500株/亩。

（4）促控结合，培育壮苗。根据玉米苗期生长特点，可通过蹲苗控上促下，培育壮苗。蹲苗的作用在于给根系生长创造良好的条件，促进根系发达，提高根系的吸收和合成力，适当控制

地上部的生长，为下一阶段株壮、穗大、粒多打下良好基础。用控制肥、水、中耕方法进行蹲苗。如果基肥和种肥充足，幼苗长势好的，一般苗期不施肥。正常年份玉米苗期不进行灌水，尽早中耕除草，疏松土壤，提高地温，保墒抗旱，消灭杂草。但如果在同一块地上发现有大小苗，必须及时对小苗、弱苗施肥和灌水，及时松土，促苗生长，达到苗齐，苗壮。

（5）防治病虫。

①玉米蓟马和瑞典麦秆蝇：一般混合发生，为害情况相似。用10%吡虫啉2 000倍液或4.5%高效氯氰菊酯1 000倍液等杀虫剂喷施。注意心叶和叶背着药。扭曲严重的玉米苗喷药前应先掐断顶端叶片，利于着药，利于玉米恢复生长。

②二点委夜蛾：防治可用50%辛硫磷乳油500～800倍液灌根或用50%辛硫磷乳油1kg拌炒香的棉籽饼15kg，制成毒饵于傍晚顺垄撒施，同时，兼治地下害虫。

③玉米粗缩病：应做好田间灰飞虱的防治。应及时防治田间及地边、沟渠杂草上的灰飞虱，可用10%吡虫啉可湿性粉剂或2.5%功夫菊酯乳油1 500倍液喷雾进行防治，一般每隔7天用药1次，连续用药2～3次。同时，在玉米一叶一心期，用1.5%植病灵Ⅱ号800～1 000倍液进行叶面喷雾。

④玉米田杂草：可使用玉宝亩用量90g、金颗玉粒亩用量100ml、玉骠亩用量100ml等，于玉米3～5叶期，杂草2～4叶期，对水30kg，进行全田喷雾，效果比较理想。

专家提醒：使用玉米田苗后茎叶除草剂应当注意以下问题。①用药时间一定要掌握在玉米3～5期，否则，容易产生药害。②用药的前后7天，共计15天内该玉米田不可使用有机磷农药，否则，一定会产生药害，这期间发生的玉米螟要使用高效氯氰菊酯或功夫菊酯进行防治。③无论哪一种玉米田苗后除草剂，对玉米都有一定的影响，因此，在喷药时尽量避开玉米心叶；而且喷药时最好不要同杀虫剂混用，因为，杀虫剂的作用对象是玉米苗上的虫，而除草剂的作用对象是玉米田间的杂草，两者的受药载体不同，故使用起来也不宜混用。

三、穗期（7月）

玉米从拔节到抽雄穗为穗期。从拔节开始，雌穗分化直到雄穗抽出，这一时期的生育点是，不仅营养生长进一步加强，而且开始了生殖生长，进入了营养生长与生殖生长并进的旺盛时期。在玉米抽雄前2~3周，正是雌穗分化小穗和小花时期，如外界条件适宜，水分和养分充足，就能增加有效果穗数，形成大穗和增加每穗粒数，为丰产打下基础。

气候特点：光照充足、天气多变，常有风雹出现

主要农事：追肥、浇水防病虫

主攻目标：促进株壮、穗多、穗大、粒多。

管理措施：

（1）追肥。玉米拔节至抽雄期追肥，一般进行2次：第一次在拔节前后施入，生产上称为攻秆肥。追施攻秆肥的目的是保证玉米植株健壮生长，促进玉米雌雄穗顺利分化。第二次在抽雄前即大喇叭口期追施，一般称为攻穗肥，亩施尿素15~20kg。攻穗肥对保证玉米增产极为重要，对决定果穗的多少和每穗粒数的作用很大。

（2）合理灌溉。在拔节到抽穗，特别在抽穗开花期需水最多。这一时期的灌溉，可以促进穗大、粒多。灌溉次数可根据玉米生长发育的情况和干旱程度，灌1~2次。

（3）中耕除草。在施入攻杆肥后随即进行中耕，把肥料盖上。结合灌溉，更能发挥肥效，促进雌、雄穗分化并缩短两者出现的间隔时间。到孕穗期，中耕结合重施攻穗肥，根据墒情再灌1次水，效果更好。中耕还可促进气生根发育，防倒伏。

铲地除草时应结合进行去蘖（掰杈）。玉米分蘖一般不形成结果穗，徒然消耗养分和水分，所以，必须及时去蘖。去时要防止松动主茎根系，同时，要彻底从叶腋基部拔除干净，以免再生。

（4）病虫防治。

①玉米螟：于玉米喇叭口期采用“三指一撮”法以3%毒死蜱颗粒剂或1.5%辛硫磷颗粒剂按每亩1.5～2kg用量灌心，防治效果明显。也可使用生物防治，于心叶中期撒施白僵菌颗粒剂，即将含菌量为50亿～500亿/g的白僵菌孢子粉500g与过筛的煤渣5kg拌匀，撒施于玉米心叶中。

②黏虫：玉米田在幼虫3龄前以20%杀灭菊酯乳油15～45g/亩，对水30kg喷雾，或用4.5%高效氯氰1 000～1 500倍液、2.5%功夫菊酯1 500～2 000倍液喷雾防治。

③玉米纹枯病：适时施药防治。田间病株率达到3%～5%时，每亩用5%井冈霉素水剂400～500ml，或用40%纹霉星可湿性粉剂50～60g，或用50%消菌灵可湿性粉剂40g，对水50～70kg喷雾，隔7～10天再防治1次。

④玉米大斑病和小斑病：40%克瘟散乳剂500～1 000倍液、50%退菌特可湿性粉剂800倍液、50%穗瘟净1 000倍液、50%甲基托布津50～800倍液。施药应在发病初期开始，这样才能有效地控制病害的发展，必要时隔7天左右再次喷药防治。

四、抽雄吐丝期（8月）

当雄穗在顶部的叶销中露出1cm左右时，标志着抽雄开始。一般在抽雄后2～5天开始开花。开花期的最适气温为25～28℃，同时，希望空气比较湿润，天气晴朗而有微风。这一时期是确定果穗花丝能否受精结实。此时，气温若高于32℃，相对湿度在50%以下时，开花就较少，同时，花粉裂开1～2小时便失去萌发能力。在这一条件下，雌、雄穗出现的间隔时间往往过长，花丝容易枯萎，造成授粉不全，产生缺粒秃尖的现象。反之，阴雨连绵，温度过低或暴雨，也会使花药吸水过多而开裂，花粉因而失去生活能力，同样造成缺粒、秃尖和空秆现象。雌穗花丝从苞叶吐出的时间比抽雄晚 3 ~ 5 天。玉米花丝的任何部分均有接受花粉的能力。玉米抽雄后的生育特点，是以开花授粉和籽粒形成为中心。

气候特点：光照充足、偶有伏旱

主要农事：追肥、浇水防病虫

主攻方向：供应足够的水肥，以保证玉米植株开花、授粉良好，提高结实率。

管理措施：抽雄前喷施叶面肥。

五、灌浆期（9 月）

这一时期是确定籽粒能否充实饱满，也就是决定粒重的时期。所以，养分和水分的供应适当与否和最终的产量，有着密切的关系。

气候特点：光照充足、天气多变，常有风雹出现

主要农事：追肥、浇水防病虫

主攻方向：供应足够的水肥，促使养分顺利地向籽粒转移，延长中、下部叶片的寿命，防止后期脱肥，达到果穗及时成熟，籽粒饱满，减少秃尖，增加粒重。

管理措施：

（1）看长相巧追攻粒肥。在受精至成熟期间，保持植株制造光合产物的叶片的功能始终旺盛，防止其早衰格外重要。为此，如果发现叶色转淡，有早衰现象，甚至中下部叶片发黄有干枯可能时，应及时补追氮素化肥，也可采用磷酸二氢钾及尿素进行叶面追肥，以维持和延长中下部和穗位以上叶片的功能时间，

以制造更多的碳水化合物，促进籽粒形成，并使籽粒饱满，千粒重增加。有条件可喷锌、硼等微肥。

（2）攻粒水。玉米此期需水最多，应灌攻粒水，不仅可以提高结实率，而且能促进养分的运转，保证籽粒饱满，提高产量。

（3）隔行去雄。由于花粉粒从形成到成熟需要大量的营养物质，为了减少植株营养物质的消耗，使之集中于雌穗发育，可在玉米抽雄穗始期（雄穗刚露出顶叶，尚未散粉之前），及时地隔行去雄，能够增加果穗穗长和穗重，双穗率有所提高，植株相对变矮，田间通风透光条件得到改善，提高了光合生产率，因而籽粒饱满，产量提高。

（4）后期中耕。灌浆后若有条件可浅锄1次，促进土壤通气增温，有利微生物活动和养分分解，促进玉米根系呼吸和吸收，防止叶片早衰。

（5）防治玉米青枯病。玉米青枯病主要发生于玉米乳熟期。玉米生长中后期发现零星病株时，可用甲霜灵400倍液或多菌灵500倍液浇根，每株灌药液500ml，有较好的治疗效果。

六、收获期（10月）

玉米收获期的早晚对玉米产量和品质有一定影响。

气候特点：光照充足、秋高气爽。

主要农事：收获。

主攻方向：应适时晚收，提高粒重，增加产量。

管理措施：根据玉米的生物学特性和品种特点，应适时晚收，当棒皮黄白，上口松散，籽粒乳腺消失，出现黑色层时收获较好。

第三章　棉花高产理论依据及栽培技术

棉花属锦葵科棉属，原产于亚热带。植株灌木状，在热带地区栽培可长到6m高，一般为1～2m。花朵乳白色，开花后不久转成深红色然后凋谢，留下绿色小型的蒴果，称为棉铃。棉铃内有棉籽，棉籽上的茸毛从棉籽表皮长出，塞满棉铃内部。棉铃成熟时裂开，露出柔软的纤维。纤维白色至白中带黄，长2～4cm，含纤维素87%～90%。棉花产量最高的国家有中国、美国、印度、巴基斯坦、埃及等国家，其中，中国的单产产量最高，乌兹别克斯坦有“白金之国”之称。

中国五大商品棉基地：分别分别是江淮平原、江汉平原、南疆棉区、冀中南鲁西北豫北平原、长江下游滨海沿江平原。主要有江苏、河北、河南、山东、湖北、新疆维吾尔自治区等省区。

根据纤维的长度和外观，棉花可分成三大类：第一类纤维细长（长度在2.5～6.5cm范围内）、有光泽、包括品质极佳的海岛棉、埃及棉和比马棉等。长绒棉产量低，费工多，价格昂贵，主要用于高级纱布和针织品。第二类包括一般的中等长度的棉花，例如，美国陆地棉，长度为1.3～3.3cm（0.5～1.3寸）。第三类为纤维粗短的棉花，长度为1～2.5cm（0.375～1寸），用来制造棉毯和价格低廉的织物，或与其他纤维混纺。

第一节　棉花生长对环境条件的要求

一、棉花生长的光照条件

冀州棉花多为早中熟、中熟品种，对光照长度反应不敏感。是喜光作物，适宜在较充足的光照条件下生长。棉花光补偿点和光饱和点均高。据测定，棉花单叶的光补偿点为750～1 000lx，光饱和点为7万～8万lx。在一般情况下，棉花叶片对光强的适宜范围为8 000～70 000lx，此范围下，光合强度随光强增加而提高。

二、棉花生育的水分条件

水分是棉花体内的重要组成成分，棉花生长需要从土壤中吸收水分。棉花各生育阶段生理需水要求为：播种至出苗，0～20cm土层含水量占田间持水量的70%～80%为宜；苗期，0～40cm土层含水量占田间持水量的60%～70%为宜；初蕾期，0～60cm土层含水量占田间持水量的65%～75%为宜；盛蕾期后，0～80cm土层含水量占田间持水量的70%～80%为宜，不能低于60%～65%；吐絮期，土壤相对含水量保持在55%～70%为宜。根据有关研究，棉田在整个生育期约有2/3的水分消耗于蒸腾，1/3消耗于土地蒸发。

三、土壤条件对棉花生长发育的影响

棉花生长发育需要水分和养料，主要通过根系从土壤中获得，所需的温度和空气部分取自土壤，同时，需要土壤的机械支撑才能生长。棉田土壤的理化、生物属性的好坏，很大程度上制约着棉花的产量和品质。土壤水分、养分、温度、空气、盐碱含

量、质地等均对棉花生长有很大的影响。

第二节　棉花高产栽培技术

一、播种

抓好播种，确保一播全苗，是确保高产的第一个环节。播种保苗环节的栽培主攻方向是实现“五苗”，即“早、全、齐、匀、壮”。“早”就是适期播种、早出苗；“全”就是不缺苗断垄、保证计划密度；“齐”就是棉籽萌发出苗整齐一致；“匀”就是棉苗分布均匀一致；“壮”就是棉苗生长稳健、根系生长迅速、最终实现棉花早现蕾开花、早结铃吐絮。播种要在搞好施肥整地造墒、选用优良品种的基础上，抓好种子处理、足墒播种、适期播种、适量播种、适深播种、抗旱播种，同时，大力推广脱绒包衣种子技术和地膜覆盖技术。

1. 施肥整地造墒

农谚说“土是本、肥是劲、水是命”，这说明棉花播种前搞好整地施肥造墒的重要性。一般要求棉花播种前15天左右及时进行整地施肥造墒。每亩施有机肥2～3t，三元复合肥50kg，锌肥2～4kg，硼肥2kg，黄萎病发生地块要增施钾肥每亩硫酸钾10～15kg。生产实践证明，增施钾肥，黄萎病发病株率明显低于不施钾肥的。施肥后，及时耕翻整地，要把地整的无明暗坷垃上暄下实、平整无洼地，能在大雨后及时排水。一般低洼地块形成积水，容易引发黄萎病发生，严重时，造成棉花萎蔫死亡；平整地块发病较轻。整地后，有水浇条件的，要及时浇水造墒，为播种打好基础。

2. 选用优良品种

“科技兴农，良种先行”，种子是最基本的生产资料，是棉

花增产增收的第一要素。选用优良品种，主要做好以下两点。

一是选择健籽率高的棉种。健籽率要在90%以上。种子脱绒包衣，就是给棉种脱去短绒包上一层种衣剂，种衣剂中含有杀虫剂、杀菌剂、生长调节剂等成分，包衣棉种播到土壤中后，就可以在种子周围（3cm）形成保护屏障，直接杀死地下害虫和土壤中的病原菌，同时，被根系吸收，将药剂传送棉苗的地上部，以杀死棉花苗期的主要病虫害，对苗期病害虫防治具有良好的效果，有效期长达45～55天，同时，可以促进早出苗，促进增产，一般可以早出苗2天左右，有利于实现一播全苗、壮苗早发，棉苗整齐度高，霜前花率高，单产平均增加7%～10%。包衣种子播种时绝对不能进行浸种。

二是购买种子时，到正规种子门市部购买。要看好说明，索要购种发票，以便出现问题时进行索赔。

3. 种子处理

（1）晒种。一般在播种前15天进行晒种。晒种，可以打破棉种的休眠状态，有效杀灭棉种表皮病菌，减轻苗期病害，促进种子后熟，增强种子吸水力和种皮透气性，提高种子发芽率和发芽势，促进种子萌发出苗。毛籽种子要在强光天气条件下曝晒3～5天，每天晒5～6个h，一般摊晒厚度不超过10cm，每天翻动3～4次，以保证晒匀晒透。脱绒包衣种子，要在弱光天气条件下晾晒1天左右。晒种时，特别注意不要石板上、水泥地面或塑料薄膜上晒种，以避免高温灼伤棉种，影响种子发芽率。

（2）浸种。温汤浸种是中国一直沿用至今的传统毛籽处理方法，其主要作用是促进种子萌发出苗，特别是在土壤墒情较差的条件下，有利于实现一播全苗。脱绒包衣种子不能进行浸种。温汤浸种一般不具备减轻苗期病害的作用，反而如果浸种时间太长，造成种子内养分外流太多，可能加重苗期病害的发生。所以，浸种的关键是掌握种子吸水不宜太多，一般以达种子本身风干重量的60%～70%、种皮发软、子叶分层为宜。浸种时间长短，以水温而定，18～20℃条件下，浸种12～16h，捞出控干进行药剂拌种。不必强调温汤浸种。不提倡催芽。

（3）药剂拌种。药剂拌种，可以杀死种子携带的病菌和播种后周围土壤中的病菌，以提高出苗率，防治苗期病害，配合使用杀虫剂拌种，也可以减轻苗期虫害的危害。拌种药剂，含有一定数量的杀菌剂、杀虫剂及适量的植物生长调节剂等。常用的药剂和处理方法是：按10kg干棉种用50%多菌灵可湿性粉剂50g加50%福美双可湿性粉剂30g加新高脂膜拌种；或用40%拌种双可湿性粉剂125g加新高脂膜拌种。

4. 足墒播种

由于棉种萌发出苗对水分、温度和氧气条件要求严格，尤其是水分。冀州市棉区冬季雨雪稀少，土壤墒情是常年影响出苗的限制因素。因此，有水浇条件的，播种前必须适时造墒，一般要求不迟于播前15天左右进行浇灌，以确保地温及时回升，不影响播种。无水浇条件的，要采用水种包包抗旱播种方式或地膜覆盖。

5. 适期播种

温度是决定播期的重要依据。一般在5cm地温5天稳定通过14.5℃时，就是棉花的播种时期。根据冀州市的气候条件，棉花适宜播种期是4月中下旬。但是由于受倒春寒影响，这个时期常有阴雨天气，气温低土壤湿，常造成棉花苗病发生重，死苗严重，不利于保全苗。一般从终霜期考虑，掌握“冷尾暖头”抢时播种。

6. 适量播种、适宜播深、密度

播量应根据播种方式、发芽率高低、留苗密度及土壤墒情状况而定。脱绒包衣种子每穴2～3粒，每亩需要种子1.5kg左右。播种量不能过大，否则，既浪费种子，出苗后又易形成高脚弱

苗，病害发生重，同时，应加强水肥管理管理，在棉花花蕾期、幼果期、棉桃膨大期各喷洒 1 次棉花壮蒂灵，提高棉桃膨大活力，保铃、保桃，加快棉花循环现蕾，循环吐絮，提高纤维质量。

一般播深以 3 ~ 4cm 为宜。

合理的群体结构是棉花高产的前提，不同肥力棉田的适宜密度范围是，高肥力：2 500 ~ 3 500株/亩；中肥力：4 000株左右/亩；低肥力：大于5 000株/亩。

7. 地膜覆盖

春季温度回升慢、温度不稳定是限制棉花一播全苗、促壮苗早发的重要因素。地膜覆盖具有保温增温作用，同时，具有保墒提墒作用，可以确保棉花一播全苗、壮苗早发。地膜覆盖棉花根据播种和覆盖的程序，可以分为先播种后覆盖和先覆盖后播种。一般采用先播种后覆盖，覆盖地膜时，地膜要与地面紧密接触，地膜边缘要尽量垂直压入沟内，入土深度不少于 5cm，同时，覆膜后在膜上压土，一般每隔 3 ~ 5m 压一堆湿土，以防大风吹揭地膜，或地膜上下煽动伤害棉苗。

二、棉花苗期生育特点及栽培管理技术

棉花从出苗到现蕾需 40 ~ 45 天。4 月下旬至 5 月初出苗，6 月上旬现蕾。

1. 苗期生育特点

（1）以营养生长为主。棉花苗期生长主要是扎根、长茎和生叶，并开始花芽分化，是以营养生长为主的时期，并为后的生长和生殖生长奠定基础的时期。

（2）根系生长快，地上部分生长缓慢。由于苗期温度较低，地上部生长慢，地下部根系较快，主根从子叶展开到第三片真叶平均每天长 1.5cm，较地上部分快 4 ~ 5 倍，发苗先发根，壮苗

先壮根，故苗期应着重根系的培育。

（3）对肥、水吸收量小。由于苗期温度低，地上部生长缓慢，棉苗营养体小，蒸腾量低，吸收较小，据测定，苗期收氮只占全生育期的5%～10%，吸收P、K各占3%，其需水量占总需水量的10%～15%。

（4）抗灾能力弱。苗期营养体幼嫩，对恶劣、外界环境抵抗力弱，特别是在3叶以前，其幼茎尚未木质化，抗御灾能力差。

（5）要求充足的光照。苗期荫蔽时间长、阴雨低温，不利于棉苗生长，要求光照充足和较高的温度上部才能合成较多的有机物质，有利根系生长。

2. 苗期的长势长相

棉花壮苗与早发是密切联系的，壮苗是早发的基础，早发是壮苗的标志，所以争取早发的关键是培育壮苗。一般壮苗早发的长势是棉苗生长墩实，株矮发横，宽大于高，茎横粗，节间短，红绿各半；主茎平均每日增长0.3～0.5cm，色油绿、叶片平展、大小适中、真叶生长快；现蕾时一般株高达12～20cm，真叶6～8片，棉苗的主侧根均发达，扎得深，粗壮、侧根多，分布均匀。苗期以发展根系为主。苗期促早发，十分重要，因早发后，能以早争长，以早争多，以早争稳，以早争好，为夺取高产下良好的基础，以早争长，早发后能相应扩展有效的现蕾、开花、结铃的时间，使有效蕾、花期延长。

3. 苗期看苗诊断

一看棉苗倒数第四叶的宽度：棉花苗期、蕾期、花铃期都可以通过测量这片叶子的宽度辨别是壮苗还是弱苗。

二看两叶平、四叶横：当棉苗有两片子叶和两片展开的真叶时候，其真叶展开的角度与子叶平行的棉苗为壮苗，不平行的为不正常苗。当棉苗有4片展开的时候，测量棉田这片叶到那片叶

之间最宽处的宽度，应该大于棉苗高度（从到地面的高度），宽大于高为正常苗，高大于宽为弱苗。

三看棉苗倒数第四叶的颜色：棉株叶片绿色的深浅，在一定程度上反映出棉株内部的营养状况。若叶色太深说明吸收多，棉株容易疯长；叶色太浅，说明氮素营养不足，需进行施肥，不然棉苗就会生长瘦弱。用比色卡测定出苗2~2.5级，现蕾前达3~3.5级。

四看顶部4叶的叶位：看棉苗顶部4叶着生位置，从上往下数的排列次序来辨别棉苗的长势。苗期壮苗早发的叶“4321”。

五看棉苗主茎红绿比：幼嫩主茎皮层含有叶绿素，呈绿色。随着棉苗的生长，接受充足的光照，花青素大量形成杆颜色由下而上逐渐转红。棉花茎秆红绿的不同比例，在一定程度上可以判断长势和老嫩程度。苗期主茎红绿以各50%为好，红色部分过长，说明偏弱，绿色部分过长，说明偏旺。

六看棉苗主茎日平均增长量：棉花从出苗到现蕾，主茎日增量以0.3~0.5cm为宜，过大说明棉花生长偏旺，过小明棉苗偏弱。

4. 苗期田间管理技术措施

苗期的主攻目标：在一播全苗的基础上，力争壮苗早发，促进棉花平衡生长，壮苗是早发的条件，早发是壮苗的标志，而早发的标志是现蕾。

（1）播后及时查苗。发现烂芽、烂籽，应及时补种。

（2）适时间苗、定苗，育壮苗。棉苗出齐后，应及时进行疏苗、间苗，防止棉苗拥挤，造成苗欺苗。间苗可分两次进行，第一次在齐苗后，留壮苗，拔弱苗、病苗。第二次在1~2片真叶时进行。定苗在三叶期，此时茎秆基部已木质化，抵抗不良环境能力增强。定苗原则是：留壮去弱、留大去小、去病、去弱，个别缺苗处留双苗。

（3）中耕松土，增温保墒。苗期中耕不仅能破除板结，清除杂草，减少蒸发与病虫危害，促进棉苗根系发育，达到壮苗，促使早发。一般苗期应结合天气情况中耕2～3次，第一次在子叶期，结合间苗。早中耕可提高苗根周围地温，促进根系早发并增加吸收能力，使真叶早出，增强幼苗抗逆性。这次中耕深度4～5cm。第2～3次中耕时已进入6月，气温上升，根系已较强大，地上部分生长加快，深中耕可散表墒，促根下扎，并控制节间，在较肥的棉田更显重要，中耕深度5～10cm。天旱时应浅锄保墒，天雨较多时，应深锄放墒增温。

（4）追肥、灌水。棉花苗期一般不需追肥灌水，但对底肥不足或地力本身瘠薄、棉苗长势差、明显脱肥的田块，可在雨后或灌水前每亩追施尿素3～5kg。凡是补种补栽的棉苗，要肥水给予补充，促小苗赶大苗，促弱苗转壮苗。浇水要小水轻浇，采用隔行沟灌为好，浇后要及时中耕保墒。

（5）适时防治病虫害。苗期棉花主要病虫害是：棉花枯黄萎病、棉苗病、棉苗蚜、棉盲蝽象、棉铃虫、棉红蜘蛛等。

三、棉花蕾期生育特点及栽培管理技术

棉株第一果枝第一幼蕾用肉眼可辨别清楚，大约苞叶长3mm时为现蕾。一般现蕾到开花，从6月上旬至7月上旬，25～30天。

1. 蕾期的生育特点

（1）营养生长和生殖生长并进。蕾期是营养生长和生殖生长并进时期，但仍以营养生长为主，而生殖生长处于由小到大的过程。从器官建成和有机养料的分配比重来看，体内有机养料的分配、运输仍以生长点和幼叶为中心，营养生长占明势。

（2）根系生长加快。棉花在现蕾后，根系生长加快并逐渐扩大，吸收面积迅速扩大，吸收能力显著增强，比苗期的吸收增

加1倍以上，蕾期吸氮占总量的11%～20%，吸磷占7%左右，吸钾占9%左右。

（3）干物资积累增多。现蕾后温度增高，光照条件好，地上部生长快，绿色叶面迅速扩大，群体叶面积指数比苗期增加2.5～3倍。

2. 蕾期长势长相

棉花蕾期稳长的长势长相是：根系深，吸收能力强，节间紧凑，茎秆粗壮，叶色鲜绿，大小适中，顶端生长点肥壮枝四散，10个左右，蕾柄短，苞叶紧、蕾多、蕾大、脱落少，小暑开花。

3. 蕾期看苗诊断

一看茎顶长势：棉花茎顶长势，对肥、水反应敏感，其顶部4片叶位置的变化，生长点的下陷或冒尖，能反映棉内生理活动的变化。茎顶长势是以顶芽与下数第四片叶的高度差表示的，如果顶芽与第四片叶面高度之间相差不超5cm，称平顶，表示棉花生长正常；如果低于0.5cm以上，称凹顶，表示棉花生长旺长，如果茎顶高出0.5cm，称为凸顶，表示棉花生长瘦弱。

二看柄节比：棉花现蕾后，可以根据棉花叶柄和果节的长度之比来鉴定棉花生长趋势。所谓柄节比，是指棉花主茎的第1～2个果枝着生处的两片真叶叶柄长度和同节位果枝第一节间长度的比值。可用叶柄长度比果节长度来表示。疯长型棉花的叶柄和节间长度接近相等，叶柄的绿色长度在15cm以上；稳长的柄长比节长大2倍多；慢长型的长比节间长大4倍多，慢长型主要是果节生长慢。

三看主茎增长量：棉花现蕾到盛蕾期，其主茎日增量以1.0～1.5cm，盛蕾到初花以2～2.5cm为宜。如果主茎增长量达到了3cm以上，是棉花疯长的表现。主茎增长高峰期，一般应在开花前后，现蕾株高20cm，盛蕾期高50cm为宜。

四看主茎红绿比：现蕾初期要求茎秆红绿各占50%，以后红色部分逐渐增加，至开花初期红色部分占 60% ~70% 为好。现蕾时期，如果红色部分多于绿色部分，表明棉花长势偏弱，但绿色部分占 70% 以上是棉花徒长的表现。

五看叶片的变化：叶片的厚薄、大小是鉴别棉花旺、壮、弱的标志。旺长棉花的叶片厚而大，弱苗叶片小而薄，壮苗的叶片厚薄、大小适中，蕾期的叶位仍以“4321”为宜，如果第五叶超过 4 叶时，表示棉花生长偏旺；如果 3 叶超过叶时，表示生长偏弱。叶片颜色，现蕾后绿逐渐退淡，由蕾期的 3.5 级左右，下降到 2.5 ~3 级。现蕾初期，倒 4 叶以 10cm 左右为壮苗。以后每增加 1 片叶，叶宽增加 0.5cm，开花期其宽度达 15 ~16cm。以后应逐渐小。

六看现蕾速度：现蕾后 3 ~4 天出一果枝，每 1.5 ~2 果枝增 1 个蕾。始花时平均每株有果枝 10 个，现蕾 20 个左右。

4. 蕾期的主攻目标

在壮苗早发平衡生长的基础上，实现发棵稳长，力争早现蕾多现蕾，搭好丰产架子是蕾期的主攻目标。影响稳长的主要矛盾是营养生长和生殖生长的矛盾。要求促控结合，促进营养生长生殖生长的协调发展，达到壮而不旺，生育稳健，力求蕾多，蕾大脱落少。

5. 蕾期田管技术措施

（1）中耕除草，促进棉花稳长增蕾。蕾期中耕除草的主要作用是通气、增温促进根系纵横生长，消灭杂草，促进微生物的活动，加速肥料的分解。棉田在现蕾至开花期，一般需中耕 2 ~3 次，每次中耕应抢在后土壤宜耕时进行。群众叫直中耕横除草，做到不漏耕、不漏草，株边浅锄，行间深锄。

（2）施好蕾肥。所有棉田都应结合中耕施好蕾肥，施用量因田、因苗而定。以满足花期对养分的需求。一般弱苗田每亩施纯氮 2.4kg，一般棉田不超过 2kg，磷肥 6 ~8kg。

（3）灌水。浇小水，忌大水漫灌。棉苗长相：上部3~4片叶色变暗，中午开始萎蔫，主茎红色部分达2/3以上需浇水。浇水标准：0~60cm土层含水量为田间最大持水量的60%~70%（手握成团，落地易散），若低于55%（手握不能成团），则易造成后期早衰。

（4）落实控旺措施。对于盛蕾期的棉苗，应喷1次缩节胺，亩用0.8~1g对水20~25kg喷雾。

（5）棉田要及时整枝，抹赘芽。旺长棉田在现蕾初期即去掉营养枝，长势一般棉田在盛蕾期去掉营养枝。缺苗断垄处可适当留1~2个疯杈。地膜棉在6月25日前揭膜，揭后尽快中耕培土，施肥。

防治病虫害。蚜虫、棉铃虫、棉盲蝽、红蜘蛛、黄枯萎病。

四、棉花花铃期生育特点及管理技术

棉花大约在7月上旬开始开花，至8月下旬吐絮50~60天，为棉花花铃期。

1. 花铃期生育特点

（1）花铃期是棉花一生中发育最旺的时期。棉花从初花至盛花2~3周，棉株生长非常迅速，营养生长和生殖生长共进，两者均出现高峰。初期仍以营养生长为主，这时叶片制造的有机物质80%~90%都运往主茎生长点和果枝尖端，生长枝叶。进入盛花期后；营养生长明显减弱，生殖生长逐渐转为优势，盛花期开花量占一生总开花量的60%~70%时，叶片制造的有机物质有60%~80%运往蕾、花、铃，供生殖生长的需要。

（2）花铃期是棉花一生中需水需肥最大的时期。棉花从初花到盛花阶段，吸收养料的能力最强，特别是对氮素的吸量最大。从始花期到吐絮期吸收肥料占一生总量的60%以上；从初花到盛花吸收氮量约占一生的56%、吸磷24%、吸钾36%、盛花期到吐絮期吸氮23%，吸磷51%，吸钾42%。花铃期需水量占一生总量45%～65%。

(3) 花铃期是各种矛盾表现集中的时期。营养生长和生殖生长的矛盾很突出，而且随着棉株的生长，个体与群体之的矛盾也有发展，同时，还有棉株正常生长和不良环境的矛盾，只有协调好这些矛盾，促进营养器官和生殖器官的发展，才能夺取棉花的优质高产。

2. 花铃期的看苗诊断

一看主茎红绿比：初花至盛花，红茎部分占70%～80%，以后逐渐加大，到盛花期接近90%。如主茎全部红色表示棉早衰；绿色部分过多，表示贪青迟熟。

二看茎顶长势：初花至盛花期间，在打顶以前，正常棉花茎顶应基本平齐为宜，茎顶下叶片肥大，表示肥水过多，顶冒尖，叶片小，表示肥水缺肥。

三看叶片大小：主茎倒四叶在开花期达到最大宽度。一般为16～17cm，还超过19cm，以后每生长1片新叶四叶宽度依减少，至盛花期下降为14cm左右。

四看叶片颜色：比色卡鉴定倒五叶颜色，初花期2.5～3级，盛花期较深为3.5～4级，叶色深绿，说明生长正常后劲，叶片发黄，说明肥水供应不足，棉花早衰。

五看茎顶叶位：从初花期到盛花期，正常棉花茎顶应基本平齐，叶位应为“4321”型，逐渐下降为“3214”型，这时出现“2134”型或“1234”型，则说明茎顶冒尖，为缺肥早衰的表现。

六看花铃增长速度：棉花开花后，一般每2～3天长出1个新果枝，每天长1.5～2个蕾，盛花期每株每天开花15朵，开花果枝以上尚有7～9层果枝叶时，说明营养生长还未停止，如果只有3～5层果枝时，说明生长已明显衰退。

七看棉田封行期：棉花封行是中、下部叶片相互接触，封行过早或过晚都不好，一般认为大暑大封行，要求做到为主，促控结合，增蕾保铃，减少脱落，实现早结桃、多结桃，早熟不早衰，夺取高产的目的。

3. 花铃期田间管理措施

（1）重施花铃肥，促进棉株坐桃。棉花花铃期所需氮占全生育期的60%，磷、钾占70%。此时营养不协调，造成不是徒长就是早衰，徒长会造成蕾铃大量脱落（60%~70%），早衰则会影响结铃，不能高产。一般当棉株下部座1~2个大桃时，亩施尿素20kg，对于长势差的棉苗也应根据苗情而定。总之棉株上已坐桃1~2个大桃，为施肥最佳时期。

（2）适度控旺，喷施微肥。关于控旺应结合看天、看苗、掌握“三喷三不喷”即喷高不喷低，喷肥不喷瘦，喷湿不喷旱的原则进行。一般入伏以后，各类棉田原则上不需化控，但对确有明显旺长的田块可适当控旺，一般亩用缩节胺3g对水40kg喷雾。喷施叶面肥，7月底至8月初，在16：00点以后，喷施3%的叶面肥（0.75kg尿素+0.375kg磷酸二氢钾+50kg水），可增收10%。

（3）适时打顶，精细整枝。打顶的标准是“枝到不等时、时到不等枝”。在冀州市棉花一般所需果枝为13~15个，打顶时间为7月15日，最晚不过7月20日，也就是说以上两个指标哪个先达到就依哪个。打顶时打去一叶一心，防止大把揪。打旁心，可以消除果枝的顶端优势，控制棉花横向生长，改善棉田通光条件，有利结铃增重，减少脱落和烂桃。抹赘芽，赘芽是由主茎和果枝各节的先出叶的腋芽分化发育而成，它消耗养分，应早抹。打老叶、剪空枝。盛花后期，对长势过旺的棉田，应分批打去下、中部老叶，并剪去空枝，可以减少养分消耗，增加铃重，促进成熟。

（4）切实抓好虫害防治。尤其是对红铃虫、红蜘蛛、伏蚜、棉铃虫的防治，做好虫害防治工作。

五、吐絮期的生育特点及田间管理技术

1. 吐絮期生育特点

营养生长趋于停止，生殖生长逐渐减慢，入秋后，温度逐渐下降，棉花的生理活动减弱光合能力弱，对肥水的要求比花铃期降低，这一期吸氮占一生总吸水量的5%，吸磷占14%，吸钾占11%，需水量占一量的10% ~20%。

2. 吐絮期看苗诊断

一看叶：开始吐絮时，下部4 ~5 主茎叶颜色退淡，中上部主茎仍保持绿色，约9 月上旬，呈现明显的上绿下黄，正常状态。如果叶片黄的过早，甚至凋枯较多，是早衰的表现，争秋桃就不可靠。吐絮以后，下部叶片迟迟不落，是贪青现象。正常的群体，应是捡1 次花，掉一批叶，“过了10 月半，棉叶至少掉一半”。

二看果枝：打顶后上部果枝可继续长3 ~4 节，是正常现象，若顶部果枝伸不出来，表现为老衰，若顶部果枝拉得太长，上部不断现新蕾，赘芽，是贪青的表现。

三看蕾、花、铃：当下部开始吐絮时，上部仍然开花，每株2 ~3 天开花一朵，并存蕾10 个左正常。如棉株成铃不多，刚吐絮就停止开花表明早衰；若幼蕾不断增加，赘芽生长快，表示贪青晚熟。

3. 吐絮期的主攻目标

早熟不早衰，有后劲不贪青。要求“老健九月”，即要保持根系有一定的活力，延长叶片的功能期，防止早衰和晚熟。

4. 吐絮期田间管理措施

棉花从开始裂铃吐絮到吐絮收花结束的时间段称为吐絮期。

冀南一般棉田在8月下旬至9月上旬进入吐絮期，此期田间管理的重点是保根、保叶、促早熟、防早衰，具体做法是：

（1）继续搞好整枝打杈。加强棉花后期整枝，能改善田间通风透光条件，减少养分消耗，有利于增结秋桃，提高铃重，促进早熟，并可减少烂桃。整枝的主要任务是：剪去棉株下部老叶和空果枝，并打掉果枝群尖。对于枝叶繁茂、密度偏大的棉田除整枝外，还应在雨后趁土壤湿润时采取推株并垄的措施，即将相邻的两行棉花推并在一起，呈“八”字形，这样使并在一起的棉花两侧及行间地面都可得到充足的阳光照射，起到通风透光、增温降湿的作用，以促进吐絮，减少烂铃。

（2）坚持中耕松土。俗话说“棵衰根先衰、防衰抓保根”，由于棉田后期土壤板结，影响根的呼吸、养分的吸收及土壤微生物的代谢，应中耕松土，以达到保根防早衰的目的，但中耕不宜过深，以免伤根，一般中耕3~5cm即可。

（3）喷施叶面肥防早衰。由于后期温度较低，根的吸收能力较差，应喷施叶面肥，达到保叶增产的目的，一般每亩喷施60倍液的尿素溶液或500倍液的磷酸二氢钾溶液70kg，每隔7~10天喷1次，连续喷3~4次。

（4）做到“旱能浇、涝能排”。棉花吐絮期虽然需水不多，但适宜的水分仍是提高产量和品质的保证，因此，要旱能浇、涝能排。浇水时要小水沟灌，避免大水漫灌，遇涝要及时排水。

（5）加强病虫害防治。棉田后期主要害虫有：盲椿象、蚜虫、棉铃虫。

（6）化学催熟。对晚熟秋桃较多、不能适时吐絮的棉田，可采用乙烯利催熟，一般喷药后3~5天气温保持在20℃以上，或枯霜前15~20天晴天喷雾（即常年在9月下旬至10月上旬）。一般亩用40%乙烯利水剂300~800倍液60kg，喷雾重点是棉株上的青铃。

(7) 适时采收棉花。从开裂到收摘以5~7天为宜。过早色泽差、品质低，过晚则纤维强度下降。采摘时应注意分开烂铃棉、虫蛀棉和僵瓣棉。

第三节　病虫害防治

一、病害

苗期病害：常见的有立枯病、炭疽病、红腐病、猝倒病、黑斑病、褐斑病、棉苗疫病、茎枯病等。

发生特点：棉花苗期病害的发生与气候条件、耕作栽培措施及种子质量等密切相关。棉花播种后遇到连续阴雨或寒流低温等逆境气候条件容易发病，多年连作，地势低洼，排水不良，土壤湿度大，土质黏重，播种过早，覆土过厚及种子质量较差，常易引起苗病发生。

防治方法：合理轮作。与禾本科作物轮作3~5年。

棉苗出土后，遇到天气预报有寒流侵袭，气温由20℃猛降至10℃以下，且有连阴雨3天以上时，在寒流来临之前用50%甲基托布津或50%多菌灵、或用65%代森锌、或用70%百菌清600倍液进行喷雾保护。

对已开始发生病害的棉田，发病初期及时用69%安克猛锌、苗菌敌、立枯净800倍液进行喷雾防治，5~7天1次，连喷3次，可有效减轻或控制病害的发生、蔓延和危害，若用上述药液将喷雾器头中的旋水片取出，对准根茎部喷浇，其效果也很好。

1. 棉花红腐病

症状：在棉苗未出土前受害。幼芽变棕褐色腐烂死亡；幼苗受害，幼茎基部和幼根肥肿变粗，最初呈黄褐色，后产生短条棕褐色病斑，或全根变褐腐烂。

防治方法：在苗期阴雨连绵，棉苗根病初发时，及时用40%多菌灵胶悬剂、65%代森锌可湿性粉剂或50%退菌特可湿性粉剂500～800倍液，25%多菌灵或30%稻脚青可湿性粉剂500～800倍液，25%多菌灵或30%稻脚青可湿性粉剂500倍液，70%托布津或15%三唑酮可湿性粉剂800～1 000倍液喷洒，隔1周喷1次，共喷2～3次。

2. 棉花黄萎病

症状：现蕾期病株症状是叶片皱缩，叶色暗绿，叶片变厚发脆，节间缩短，茎秆弯曲，病株畸形矮小，有的病株中、下部叶片呈现黄色网纹状，有的病株叶片全部脱落变成光秆。

防治方法：在轻病田和零星病田，采用12.5%治萎灵液剂200～250倍液，于初病后和发病高峰各挑治1次，每病株灌根50～100ml。

3. 棉花枯萎病

症状：病株一般不矮缩，多由下部叶片先出现病状，向上部发展，病叶叶缘和叶脉间的叶肉发生不规则的淡黄色或紫红色的斑块。

发生规律：发病与温湿度有关，枯萎病一般土温在20℃左右时开始显症，土温上升到25～28℃时形成发病高峰，当土温上升到33℃以上，病菌受抑，出现暂时性隐症，入秋后待土温下降到25℃左右，又出现第二次发病高峰。

防治方法：在轻病田和零星病田，采用12.5%治萎灵液剂200～250倍液，于初发病后和发现高峰各挑治1次，每病株灌根50～100ml。

4. 棉花立枯病

症状：棉籽受害，造成料籽和烂芽；幼苗茎基部受害，出现黄褐色。水渍状病斑，并渐扩展围绕嫩茎，病部缢缩变细，黑褐色、湿腐状，病苗倒伏枯死。子叶受害，多在中部发生不规则形黄褐色病斑，易破裂脱落成穿孔。

防治方法：在苗期阴雨连绵，棉苗根病初发时，及时用40%多菌灵胶悬剂、65%代森锌可湿性粉剂或50%退菌特可湿性粉剂500～800倍液，25%多菌灵或30%稻脚青可湿性粉剂500～800倍液，25%多菌灵或30%稻脚青可湿性粉剂500倍液，70%托布津或15%三唑酮可湿性粉剂800～1 000倍液喷洒，隔1周喷1次，共喷2～3次。

5. 棉花角斑病

症状：真叶发病，初为褐色小点，渐扩大成油渍状透明病斑，后变为黑褐色病斑扩展时因叶脉限制而呈多角形。

发生规律：苗期土壤含水量较高，7—8月的铃期雨量较大，尤遭暴风雨侵袭时，角斑病易流行。

防治方法：在发病初期，喷洒1∶1∶（120～220）波尔多液、25%叶枯唑可湿性粉剂，或用65%代森锌可湿性粉剂400～500倍液。

二、虫害

棉铃虫。

发生规律：一代在小麦发生。二代在6月下旬开始为害，基本1个月一代。

防治棉铃虫的关键技术措施：一是要掌握本地发生规律，建立长、中、短期预测方法，特别是提前准确做出卵盛期预报最为重要；二是要进行综合防治。

制造诱集带：把玉米、高粱、小麦等作物种在棉田4周，可诱集到棉铃虫的成虫和卵，减少棉花上的卵量。以杨树枝和高压汞灯诱娥。用1m长带叶杨树枝条10根捆在一起，喷适量食醋，倒插在田间，每亩10把，每天早晨抖动树把捕杀蛾子（1头蛾子可产卵千粒左右，最多达4千粒），可起到事半功倍的效果。

采取高压汞灯诱蛾，效果更好。

化学防治：在卵盛期或二龄以前施药，每3～5天防治1次，正面和反面都应喷到。用5%甲维盐乳油8 000～10 000倍液、20%灭多威乳油1 500倍液或5%氟铃脲乳油1 000倍液喷雾。

1. 棉盲蝽

采用统防统治或"围剿式"打药的方法进行防治。用药时间为早晨或傍晚。药剂为35%硫丹乳油1 500倍液或48%毒死蜱1 000倍液。除尽棉田及地边杂草可以减轻其发生程度。

2. 红蜘蛛

红蜘蛛应采取画圈喷药防治的方式，即发现1株打一圈，发现一点打一片，以防红蜘蛛的扩散。农药用1.8%阿维菌素乳油3 000倍液或15%扫螨净1 500倍液或三氯杀螨醇1 000倍液进行喷雾。喷药时要注意将药液喷在棉花叶背部。

3. 蚜虫

发生特点：在棉田为害的棉蚜有苗蚜和伏蚜之分。苗蚜发生在出苗到现蕾以前，适宜偏低温度，气温超过27℃时繁殖受到抑制，虫口迅速下降。

伏蚜主要发生在7月中下旬到8月，适宜偏高的温度，在27～28℃下大量繁殖，当平均气温高于30℃时，虫口才迅速减退。棉蚜最适温度为25℃，相对湿度为55%～85%，多雨气候不利于蚜虫发生，大雨对蚜虫有明显的抑制作用。

防治：棉蚜可用啶虫脒，对产生抗药性的棉蚜用啶虫脒或吡虫啉的复配剂防治。

三、营养失调

1. 氮失调症

棉花缺氮时先是下部老叶变黄绿色。严重缺氮则全株叶片变黄色，再转红色至棕色干枯，顶端生长停止，植株矮小，枝条稀少细弱，花铃也很少，下部老叶早落。而氮素过多则旺长，枝叶繁茂，棉田郁闭，生殖生长延迟，贪青晚熟。

2. 缺磷

土中磷素供应不足影响根系发育和幼苗生长。缺磷棉株最明显的症状是：植株矮小，茎秆细脆，叶片小而且叶色暗绿，早落叶，开花结铃稀少，种子不饱满，纤维少而且品质低劣。磷素对于碳水化合物的形成，分解及其体内运转起重要作用。磷对于植物的氮代谢起平衡作用，并可增强棉株的抗旱和抗寒性等。

3. 缺钾

棉田土壤缺钾可导致棉株表现红（黄）叶症状，由棉株自下而上发展，叶片自叶缘和叶尖向叶片中心和叶基逐渐变色。严重时甚至全株发病，叶面皱缩变脆，最后呈红褐色，干枯脱落。病株棉铃瘦小，难于成熟，产量和品质明显下降。

棉花各主产区普遍发生的棉红（黄）叶枯病，主要是土壤中缺钾以及土中的钾不能被吸收或者三要素比例失调，也会加重病害发生。此外，如在棉花的开花结铃期久旱不雨，土层板结，或者旱后突然暴雨或连续阴雨，都会影响根系发育和吸收，并引致红叶枯病。其他如棉田土壤瘠薄，沙性土耕作层浅，基肥不足，钾肥缺少以及多年连茬的棉田，也易发生此病。

4. 缺镁

缺镁使叶绿素合成受阻，于是叶片失绿，脉间出现斑块，植株发育迟缓。症状自上而下发展，由叶缘向中心开始变紫红，叶脉保持不褪色。

5. 缺硼

硼素有助于根系和生殖器官发育，促进元素吸收，还可促进花粉形成和受精过程。棉花缺硼的症状特点是子叶肥厚，叶色深绿，严重时生长停止，不发真叶。现蕾期发病则叶柄变长，基部叶柄出现环带，色深绿而肥大，下部叶萎垂，现蕾少，果枝粗

短，叶柄上出现绿色环节。花铃期发病则蕾铃稀少而小，多数花蕾失绿，苞叶张开，严重时，脱落或结瘦小棉铃，无产量。

6. 缺钙

棉株缺钙一般较少见。缺钙棉株生长点受抑制，呈弯钩状，株型矮小，叶片易老化脱落，叶片萎垂，高温下易腐烂，果枝数及蕾铃数量均稀少，产量极低。

7. 缺硫

棉花缺硫的症状与缺氮近似，但以顶部叶片变黄更明显，叶面常现紫红或棕色病块。植株变小，全株呈淡绿或黄绿色，生长迟缓。

8. 缺锰

棉株缺锰时表现顶芽顶坏死，植株矮小多分枝，幼叶失绿变黄，叶脉及其附近保持绿色，叶脉清晰。

9. 缺锌

棉株缺锌大多从第一片真叶开始出现症状，叶脉失绿，呈“青铜色”并有坏死小点，叶片增厚，发脆，叶缘上卷。严重缺锌则植株矮小，节间变短，呈丛生状，生育期推迟。

第四章　天鹰椒高产优质栽培技术

辣椒富含维生素C、维生素B、胡萝卜素以及钙、铁等矿质营养，因其含有的辣椒素可使食物呈现独特的辣味，具有促进食欲、驱寒等功能，备受消费者的青睐，已成为我国重要的调味品之一。随着国内人口流动的加剧，辣椒消费已不再仅仅局限于传统的食辣地区，全国的食辣之风已悄然兴起，用“无辣不成席”来形容当今国内饮食行业对辣椒的消费热情已显不足。

除了营养、调味作用外，辣椒还具有许多的医疗保健效能，这可能是当今国人食辣之风盛行的另一原因。医学研究表明，辣椒具有缓解胸腹冷痛，促进胃的蠕动、唾液分泌、增强食欲，控制心脏病及冠状动脉硬化等功效。虚寒体质的人多吃辛辣温性食物，能促进气血循环，有助减轻虚寒症状。有的研究认为，辣椒能促进体内脂肪的燃烧，具有减肥作用。因此，在人们的日常菜谱中加入一点辣椒，对身体健康是大有益处的。相反，燥热、阴虚、湿热、多汗、孕妇就不宜经常食辛辣食物，不然就会热上加热，加剧热气燥火、口干舌燥、面红耳赤、发热等不适。

第一节　干辣椒生产概况

一、国内外干辣椒生产概况

据有关资料报道，2000年全球干辣椒产量为2 500万t，2013年增长至3 450万t，2014年3 560万t。亚洲和非洲是全球

干辣椒的主要产区，其中，亚洲产量占总产量的71%，非洲产量占全球产量的18%。印度是世界最大干辣椒生产国，年种植面积约90万hm^2，其干辣椒种植面积和产量占世界总量的45%左右。亚洲是世界最大的辣椒产区，也是最大消费区，印度约94%用于国内消费，中国每年的辣椒产量约61%用于国内消费。辣椒是印度与中国传统的出口农产品。韩国、日本、墨西哥、澳大利亚、美国、东南亚等已经成为我国辣椒的常年进口国，仅墨西哥辣椒就有1/3是从中国进口，日本进口辣椒90%来自中国。

20世纪90年代以前，我国干制辣椒生产区域主要分布在云南、贵州、四川、重庆、陕西、湖南等传统食辣地区。“十五”以来，我国干制辣椒产业发展迅猛，主要产区和生产方式都发生了较大变化。主要生产基地向经济不发达地区转移，形成了西北、西南、华北各具特色的干制辣椒产区。中国干辣椒的年种植面积达60万hm^2，年产值近90亿元，辣椒在农业增收和农民致富中起着重要作用。同时，干制辣椒产业链拉长，采后加工增值潜力大，也成为我国辣椒生产不断发展的推动因素。除直接食用外，部分辣椒用于酱制、泡制及辣椒素、辣椒红素提取等加工行业。全国产生了一批具有影响力的区域品牌产品，一些大的龙头企业相继诞生，提高了辣椒加工产品比重。贵阳南明的“老干妈”“王守义十三香”、湖南的“辣之源”“辣妹子”、山东的“沂蒙小炒”等产品；河北晨光天然色素有限公司、湖南隆平红安种业、吉林洮南金塔集团和爱迪尔公司、山东武城的中韩合资天然色素项目、湖南郴州的美港合资辣椒项目等。这些品牌产品和龙头企业的成长，正在改变着我国辣椒产业的产品结构和产业格局，促进了辣椒产业化生产的发展。

辣椒是我国的传统种植种类，是我国西南、西北丘陵山区重要的特色经济作物。改革开放以来，随着市场经济的推进，我国辣椒产业每年以7%的速度迅速发展。由于生产成本及产业效益等原因，干制辣椒产业向经济不发达地区转移，主要产区由西南地区及长江中上游等食辣地区扩大到河北、河南、新疆维吾尔自治区、内蒙古自治区、甘肃等省区，形成了西北、西南、华北各具特色的干制辣椒产区，如重庆市石柱县、綦江区，贵州省遵义市、湄潭县，云南省砚山县、丘北县、会泽县，四川省西充县、西昌市，陕西省宝鸡市、渭南市，新疆维吾尔自治区库尔勒市、石河子市，甘肃省甘谷县、武威市，湖南省攸县、宝庆县，河南省南阳市、柘城县、内黄县，河北省鸡泽县、冀州市等。

近 20 年来，辣椒产业从我国的西南、中南地区崛起，扩大到华北、东北、西北地区新兴产地，种植区域分布在全国 28 个省份，形成了以贵州、湖南、江西、云南、四川、陕西、河北、河南、吉林等 16 个省区的重点辣椒产区。其次，干制辣椒生产方式也有了较大的转变。总产量的增长不再是依赖扩大种植面积的方式来实现，而是通过进一步提高生产水平、提高单产来实现；传统品种的提纯复壮与新品种选育都得到了足够的重视，优良品种应用加快；实用生产技术不断推广应用，整体种植技术水平不断提高，栽培管理技术逐步规范化。

二、干制辣椒各产区主栽品种及新优品种

干制辣椒可分为朝天椒、长尖椒、线椒等三类。朝天椒类为单生或簇生，朝天生长，果长 5 ~ 10cm，辣味重，地方传统名优品种主要有重庆市的子弹头，河南省、河北省的三樱椒，贵州省的绥阳朝天椒，云南省小米辣，广西壮族自治区指天椒等。长尖椒类果实为牛角形或羊角形，果实朝下生长，果长 10 ~ 20cm，辣味中等，俗称板椒或大椒，地方传统名优品种主要有：河北望都羊角椒、鸡泽椒、益都羊角椒、安远红椒。线椒类果实为线形，果实朝下生长，果长 15 ~ 30cm，辣味中等，俗称皱椒，地方传统名优品种主要有：陕西省 8819 线椒、四川省二金条、甘

肃省天水3号线椒等。

在辣椒育种方面，国内一直以甜椒、鲜食辣椒为主，对干制辣椒研究较少，特别是干制专用一代杂种选育方面国内研究更少，因此，生产中形成了鲜食辣椒和甜椒杂交种应用广泛，而干制辣椒杂交种应用较少的局面。杂交种多依赖韩国、日本进口，种子价格昂贵。“十五”以前，生产上以传统地方品种为主，这些传统地方品种在长期栽培过程中由于不重视人工选择和提纯复壮，种性退化严重，抗病性差，生产用种良莠不齐，影响了干制辣椒的产量和品质。重庆、湖南等蔬菜科研单位开展了地方品种提纯复壮及品种创新研究，使生产上干制辣椒品种得到优化，一些抗性差、产量低的品种种植面积逐年减少，经提纯复壮或选育的杂优品种面积扩大。他们提供优选提纯部分地方品种，育成了不同类型干制辣椒杂优新品种20多个，使良种率和杂交种应用率有了较大的提高，形成了“艳椒”“兴蔬”“川滕”“黔辣”“陕椒”“云干椒”等系列干制辣椒优势品牌。

三、冀州干辣椒生产概况

20世纪80年代中后期，河北省冀州市枣园乡一带的农民开始种植天鹰椒。冀州的辣椒因为色泽艳、椒形好、辣度高深受市场的欢迎。因为种植收益高，短短数年间冀州市成为北方重要的辣椒种植区，并以周村镇政府为依托，兴建了自己的辣椒交易市场。冀州市政府根据种植业的发展变化，及时对天鹰椒进行了全方位的基础研究，提高了政府服务辣椒生产和市场的能力，由此带动了周边多个县市的辣椒生产，形成了以冀州市为区域中心的辣椒生产区域。农业部认定周村辣椒市场为“专业辣椒市场”，周村的辣椒全国走俏。

天鹰椒是外贸出口型辣椒。该产品辣度高，在国内、国际市场享有较好的声誉，其果实中含有较多的蛋白质，碳水化合物，脂肪和丰富的维生素，特别是其产品因辣椒素含量较高，深受市场的青睐，是人们生活中很好的佐餐食品。

第二节　天鹰椒的主要生物学特性

一、气候条件

辣椒起源于美洲热带地区，天鹰椒只是辣椒大家庭中的一个品种类型。因其起源于热带，对温度条件要求较高，属喜温作物，种子发芽最低温度为15℃，最适宜的温度为25～30℃，生长发育的适宜温度为白天20～25℃，夜间15～20℃。对光照要求不十分严格，但光照时间不足或光照过弱，满足不了植株生长发育对光照的要求，就会对植株的生长发育造成不利的影响。现蕾及开花结果期是天鹰椒一生中对光照、温度最敏感的时期，此阶段光照不足、夜温过高（超过25℃）都会影响其正常的生长发育，造成严重的落花落果，对产量的形成造成极大的不利影响。

天鹰椒的花为白色、单花、簇生，着生于主茎及侧枝的顶端。天鹰椒的花芽分花开始的较早，在苗期3片真叶展开后即开始进行，受植株营养状况的影响，花的花柱有长有短。在植株营养充足、环境条件适宜的情况下，分化的花以长柱花（花柱高于花药）为主，这类花多能正常受精结果；在植株营养不良、环境条件较恶劣的情况下，短柱花（花柱短于花药）所占比例增大，这种花脱落率较高。在育苗及生产管理中，创造适于秧苗生长发育的外界环境条件，促进长柱花的形成、增大长柱花的比例，能有效地减少落花，提高坐果率。

二、植株生长规律

调查表明，在正常的生长环境下，正常生长的天鹰椒植株，主茎现蕾前平均每生长一片叶约需积温71.3℃；侧枝每增生一片叶片约需积温31.2℃。随着植株营养积累的不断增加及气温的升高，叶片的分化及生长明显加快。

天鹰椒植株为有限生长类型，植株顶端在20～21片叶现蕾后，顶端生长优势随即解除，继而侧枝代替主茎迅速生长。侧枝在13片叶左右现蕾，侧枝现蕾晚于主茎约7天。侧枝现蕾后植株进入旺盛的生殖生长时期，实现了由营养生长向生殖生长的转变。

主茎各叶腋都具有萌发侧枝的能力，其萌发生长状况与土壤水肥条件、植株长势、种植密度等因素有关；直播田植株侧枝萌发能力高于移栽田。单株分枝最多可达11个，最少3个，一般5～7个。侧枝的强弱，分化的早晚基本服从低叶位优先于高叶位的规律。

三、根系分布特点

取样调查结果表明，天鹰椒主根系分布在25cm的浅土层内，直播苗有明显的主根，且根展、总根量、根重都明显大于移栽苗，基粗1.0～1.9mm的侧根占侧根总量的半数以上，成为植株根系的主要组成部分。

四、花果生长规律

冀州市大田生产中，天鹰椒初花期约在7月中旬，盛花期在7月下旬至8月上旬，有效花日在8月20日左右。

天鹰椒侧枝的产量为单株产量的主体。自然生长的情况下分枝形成的经济产量占总产量的93%以上；打顶栽培的经济产量全部由分枝形成。

五、对温度的要求

天鹰椒属喜温作物，种子发芽最低温度为15℃，最适宜的温度为25～30℃，生长发育的适宜温度为白天20～25℃，夜间15～20℃。各生育期对积温的需求量，见下表。

表　天鹰椒各生育期对积温的需求

生长期	时间（天）	≥15℃积温
出苗—现蕾	60	1 435.3
现蕾—开花	12	310.1
开花—红熟	43	1 203

由此可见，天鹰椒自出苗到第一果红熟约115天，期间积温2 948.4℃。整个生长期约需积温4 300℃。

六、对水分的要求

天鹰椒极不耐涝，有一定的耐旱性。在整个生育期中，天鹰椒对水分的需求量是随其生长量的加大而逐渐增加的，至开花结果期达到最大值。充足的水分供给是其正常生长发育的基础，生长前期缺水会导致植株生长缓慢，推迟开花结果期，短柱花增多、花果数量减少，最终可导致落花落果严重、成熟果比例低、产品品质下降；生长旺盛期（花果期）缺水，则会造成花果的大量脱落，大幅度降低产量；生长后期缺水，则会导致植株早衰，造成后期落叶落果，影响果实的后期发育、降低果实品质、诱发果实“日烧病”的发生。土壤水分过多则会影响到根系的呼吸作用，造成根系代谢障碍、吸收能力下降、甚至死亡，也会诱发根腐病、枯萎病、疫病的发生和流行。生产管理上应做到湿而不涝、干而不旱，创造有利的土壤水分环境，才有利于天鹰椒

的正常生长发育。

七、对土壤条件的要求

土壤是天鹰椒生产的基础条件之一，土壤条件的优劣决定着生产的成败、产量的高低、收入的大小。天鹰椒对土壤要求不严、一般土壤都能种植，所以，天鹰椒的种植区域很广。由于天鹰椒植株根系不发达、入土浅，疏松、肥沃的土壤的有利于形成强大的地下吸收器官，获得较高产量。

就土壤质地来说，以中壤土最好，其适宜的土壤 pH 值为 6.5～8.0。因此，种植天鹰椒时最好选择中性的中壤质土壤，并有良好的耕性，疏松、肥沃、地力基础高，才有利于获得高产量、高收入。

八、需肥特点

在农作物的需肥规律中，氮、磷、钾是需求量最大的三大营养元素，钙、镁、硫为中量元素，锌、硼、钼、铜、铁、锰、氯是吸收量很小的微量元素，这些都是作物生长发育过程中所必需的营养元素。据报道，天鹰椒亩产量255kg 时，平均养分吸收量为氮 18.27kg、五氧化二磷 3.8kg、氧化钾 17.67kg、钙 8.27kg、镁 1.73kg，养分比例为 1：0.208：0.967：0.453：0.095，属喜氮、钾作物，对氮、钾的需求量较大。其果实、叶片中氧化钾含量最高，氮次之，五氧化二磷最低；而根茎中氮含量最高，氧化钾次之、磷最低，镁主要分布在天鹰椒的叶片内，果实及根茎中为微量，钙在根茎叶中含量较高，果实内含量较低，以上可作为施肥的参考依据，此外，还应考虑到目标产量水平、地力基础高低等因素。因肥料施用量及施用比例的不同，一种营养元素会对其他元素的吸收产生促进或抑制作用，影响肥料的吸收利用率及肥料的有效性，生产中一定要考虑到肥料的平衡使用，增施有机肥料，可提高土壤自身的缓冲能力，减轻各营养元素之间的相互影响。具体情况（如如何计算肥料的施用量、当地土壤氮、磷、钾主要养分的含量等）可到当地农技推广部门或科研院所咨询。

第三节　主要栽培管理技术

一、育苗及苗床管理

1. 育苗准备

晒种可以促使种子内的生命物质活化，提高发芽势和发芽率，还可以杀死种子表皮所带的一些病菌。一般播前晒2～3天即可，但要避免直接在水泥地上摊晒，以免高温烫伤，晒过的种子可直接应用。

天鹰椒生长的适宜温度为20～30℃。在生产上利用小拱棚或阳畦育苗，膜外加草苫等保温覆盖物，可提高对光热水等资源的利用率和土地生产效率，减低自然环境对天鹰椒生产的不利影响。

小拱棚苗畦的整畦耕翻应在2月下旬就开始进行，畦宽1.2～1.5m、长7～8m，亩育苗面积$10m^2$左右，选择背风向阳，前茬为禾本科作物地块为好，施入适量充分腐熟的农家肥，以及适量的优质硫酸钾型复合肥，注意不要施用尿素作底肥，耕翻要细致，无坷垃，踩一遍蹚平后，大水浇透，而后用竹片拱起盖膜封闭升温。在拱棚用膜的选择上尽量选用无滴膜，以改善苗床的光照环境，培育壮苗。

小拱棚育苗有优点，也有缺点。主要表现是“暴冷暴热”，温度随外界气温升降变幅较大，早晨8：00太阳升起后开始升温，13：00达到最高值，晴朗无云的天气会出现35～40℃的高温，15：00开始下降，夜里最低温度只比外界高2～4℃。据此

特点，应掌握好自己的农事操作。

2. 适时播种

播种时间以3月5—15日为宜，要求苗床10cm最低温度稳定在15℃以上。下籽前在畦面上撒一层过筛细土，称为底土，有利于种子发芽翻身，亩用种量150～200g（每50g种子粒数为1万～1.2万粒），为保证撒籽均匀，应把种子掺入过筛细土中，再进行撒播，覆土厚度掌握在0.5～1cm，覆土过浅苗子易戴帽出土，过深又可能造成闷籽。为提高地温，播种后可在拱棚内增加一层地膜，待种子出苗后撤掉。正常天气条件下12～15天种子开始露头，20天出齐苗。

苗期的病害主要为猝倒病和立枯病，因此，可用杀毒矾或百菌清，掺入苗床土中或叶面喷施；苗期的主要害虫为蝼蛄和蛴螬，可用3%辛硫磷颗粒剂防治。苗床除草剂可用95%金都尔或施田补，应指出的是，除草剂对天鹰椒苗的生长有副作用，因此，我们不提倡施用，一定要使用时也应选择剂量低限，并按苗床面积准确计量用药量。

3. 苗床管理

幼苗适宜的生长温度为25～30℃，出齐苗后当苗床温度达到30～35℃时，要注意通风降温，方法是先在拱棚一头放小口，逐步加大，切不可猛然大口放风，以防闪苗。出苗期间和秧苗幼小时尽量不浇水，要浇水也要浇小水，不可大水漫灌，防止因浇水不当造成苗期病害流行。要及时拔除苗床各类杂草。及时间苗，去除小苗、病苗、杂苗，苗子密度不要过大，以保证足够的营养面积。到4月中下旬当外界温度与棚内温度相差不大时，应逐步揭去棚膜，使幼苗适应露地环境，以备移栽。

二、天鹰椒的移栽及苗期管理

只有生长健壮，根系再生能力强的苗子，移植后才能快速恢复生长，取得理想的产量结果。壮苗标准：株高 15 ~ 18cm，叶片数 10 ~ 12 个，苗重 3 ~ 5g，叶片肥厚，叶色浓绿，生长整齐一致。茎秆粗壮，节间短，茎粗 3 ~ 4ml，手感有弹性，子叶未脱落。根系发育良好，白色。无病虫侵害。

由于天鹰椒多与大田作物轮作，土壤有机质含量一般较低。而天鹰椒根量少、入土浅，需要疏松、肥沃的土壤环境。有机肥含有多种营养物质，为全价肥料，并且能有效改善土壤的理化性状，使土壤保持良好的通透性及供肥供水能力，对培育天鹰椒植株的强壮根系是非常有利的。

辣椒为喜钾作物。按照目前的施肥习惯，施足底肥，增施有机肥和钾肥，补充微肥，能有效地减少辣椒病害的发生，提高产量和品质。N、P、K 肥的施用配比以 1：0.2：1 为宜。

移栽或播种前 7 ~ 10 天造墒，整地，亩施厩肥或堆肥不应少于 $5m^3$，有机肥要充分腐熟，不可施用未经腐熟的生粪，充分腐熟的鸡粪、牲口粪是上好的有机肥料。按亩产 300kg 辣椒计算，根据冀州市现有的地力水平，一般亩需施用过磷酸钙 50kg、硫酸钾 12kg、尿素底施 10 ~ 15kg，剩余的 25 ~ 30kg 尿素做追肥施用。

因天鹰椒根量少、入土浅，整地时尽量深耕，以利于促进根系发育，获得高产。

整好地后，及时起垄铺膜，垄高 10cm 左右，垄宽 50cm，垄间距 30cm，垄上土壤镗平或整成弧形，选 70cm 宽的地膜覆盖，保墒增温。当地晚霜过后，裸地 10cm 地温稳定在 12℃ 以上即可栽苗。定植时先按行株距打孔，孔深 7 ~ 8cm，垄上栽两行，行距 30 ~ 35cm、株距 6 ~ 8cm。将苗放入定植穴内，穴内浇水，水渗完后埋土，将栽苗穴口用土封严，并压住地膜。栽苗深度以不埋没子叶节为度。另外，栽苗时大小苗要分开，剔除病弱苗、老化苗。移栽前两天在苗床上喷一遍多菌灵与吡虫啉混合液，防止苗床病虫害带入大田。由于土壤底墒充足，苗穴内又浇了水，栽

后缓苗较快，可根据天气状况及苗情浇缓苗水。

缓苗后生产上要采取“促”的管理措施，即在移栽后采取一系列促进秧苗生长发育，为植株的生长发育提供适宜的水分、氧气等土壤条件，促进其缓苗，缩短缓苗期。对垄间深锄2~3次，改善土壤通气状况，促进根系下扎。

三、天鹰椒的直播

田间直接播种天鹰椒种子，虽比育苗移栽的天鹰椒播种期晚近1个月，但由于直接播种的天鹰椒根系比移栽苗发达，植株营养状况好、分枝出现早、生长快，有利于幼苗发育，促进其生育进程；直接播种的天鹰椒没有缓苗期，开花期处在有效花期内，果实能正常红熟。在冀州市是一种成功的栽培方法，生产上需注意以下几点。

天鹰椒的播种时间一般在当地晚霜前7~10天，播在霜前，出在霜后。播种时当地10cm最低地温稳定通过12℃。我市适宜播种时间一般在4月10—15日。

播种天鹰椒种子要求有良好的土壤墒情，特别是口墒（指5cm内表土层的墒情）要充足，因此，造墒不可过早，一般在播前7~10天造墒整地。

天鹰椒种子小，顶土能力差，整地要细，无明暗坷垃，镇压要实。

天鹰椒播种平均行距30cm，播种深度0.5cm左右，不可过深，播后适当镇压并盖地膜保墒增温。

播种天鹰椒地块应准备少量秧苗，以备补苗，防止田间缺苗断垄。

播完后注意壅土压膜，严防大风揭膜。

秧苗出土后，从第一片真叶长出即可选无风的晴天放苗，一般4~5cm一穴。放苗时间选下午进行，放苗时将地膜扎个洞，将苗引出后用土把地膜上的放苗口埋严。

及时间苗，4～5片真叶定苗，苗距6～8cm。

四、间作种植

天鹰椒属喜散射光的作物，适度遮阴对产量和品质都有促进作用。试验示范表明，天鹰椒与玉米间作，具有以下优点。

高秆作物的遮阴有效地减少了日灼病的发病率，提高品质。病株率下降60.2%，病椒率下降20.4%，一级品率提高23.25%。

玉米叶片宽大、叶面蒸腾作用强，大雨后在一定程度上能减轻天鹰椒涝害。

玉米对棉铃虫等成虫有诱集作用，利于集中捕杀。

间作种植具有良好的增产增收作用，一般辣椒增产10%以上，多收玉米100kg/亩，两项合计增收200元/亩以上。

据试验，移栽完成或直播苗出苗后，可按行比4：1或6：1点种玉米等高秆或高秧作物，可在夏季为辣椒起到良好的遮阴作用，减轻日灼病、病毒病的发生。玉米种植时间一般在5月上、中旬，玉米株距50cm，单株栽培，亩留苗600～800株，还应在玉米五叶以前注意防治蚜虫及灰飞虱，预防玉米粗缩病的发生。

五、适时打顶

天鹰椒的自然生长特性是，顶端生长点长出14片叶子后开花封顶，随之下部叶腋抽出侧枝，顶花先于各侧枝花结果成熟。在6月上中旬，当天鹰椒长到14片叶子时，适时打顶，打顶后结合浇水亩追施尿素5kg左右，促进侧枝早发、早封垄、早开花结果，避免生产中不利于秧苗生长发育的人为限制因素，创造有利于丰产的基础条件。

天鹰椒打顶的优势点。

打顶后破坏了植株的顶端生长优势，人为地调节了植株体内的营养运转方向，有利于侧枝的滋生和生长。

由于侧枝发育期提早，田间封垅期提前，田间叶面积系数增加快，有利于光合作用的进行及光合产物的积累，有利于预防夏季的高温危害，减轻病毒病的发生危害。

打顶植株比对照侧枝数多0.2个，侧枝生长健壮、整齐，单株结果多6.1个，优质果多8.4个，百椒干重比对照增加1.2g。增产率9%以上，增产效果显著。

六、田间水分管理

天鹰椒根系弱、分布浅、耗水量中等。封垄前因土壤蒸发量大，应7～10天浇1次水，封垄后10～15天浇1次水；地膜覆盖栽培的地块，田间土壤水分蒸发大大减少，可视植株生长情况浇水，一般应在植株出现轻度缺水症状时及时浇水。浇水的原则是"浇旱头，不浇旱尾"，经常保持耕层土壤有适宜的含水量，防止旱象的发生。每次灌水量宜小，适于进行喷灌、畦灌、微滴灌。夏季浇水宜在一早一晚进行，避开中午的高温，防止因浇水造成地温降幅过大而引起副作用。进入雨季，浇水要注意天气预报，不可在雨前2～3天浇水。秋季进入果实成熟期，根系吸收能力下降，可适当减少灌水量及灌水次数，但也不可使田间过度干旱，以防植株早衰，影响到果实的饱满度。

注意防涝。

天鹰椒根系分布浅、好气性强，具有一定的耐旱性，怕田间积水。田间积水数小时就会因根系缺氧造成根系死亡、植株萎蔫。轻的可造成大量的落叶、落花、落果，严重的成片死亡，部分地块因疫病病原菌的继发性侵染，致使疫病流行。

因淹水对天鹰椒生产带来的是毁灭性灾害，生产中应采取措施，积极预防。一是实行半高垄地膜覆盖栽培，便于田间排涝；二是遇大雨要随下随排，做到雨停田间无积水；三是选中壤土、轻壤土种植，尽量不选黏重土壤；四是雨季浇水一定要注意天气变化，防止浇水后遇大雨。

七、追肥

追肥是农业生产中重要的施肥方法之一，因磷化肥在土壤中移动性差，一般进行一次性底施，氮、钾肥料在土壤中移动性强，可随土壤中水的移动而移动，这两种肥料可考虑进行追肥。天鹰椒花果期是其一生中需肥量最大的时期，只有保证此期的营养供给，促进果实的生长发育，才能获得高产。生产中可按全生育期需求量，将氮肥、钾肥 1/3 底施、2/3 追施（钾肥也可一次性底施）。氮肥的追肥时间一是在打顶后少量追施，亩施尿素 5～6kg，剩余的在盛花期过后全部施入。此期追肥时田间已经封垄，沟施会大量伤花伤根，最好先将肥料用少量水溶化，随水冲施。

八、天鹰椒主要病害防治

1. 炭疽病

天鹰椒炭疽病多是从植株的下部叶片开始发病，叶片上病斑初时呈褪绿水浸状斑点，逐渐变成褐色、稍呈圆形斑、中间灰白色、上面轮生小黑点。病叶极易脱落，病情严重时，可造成大量落叶。在高温、高湿的气候条件下有利于该病的发生流行。

选用辣度高的种子，做好种子消毒工作。

培育壮苗，提高植株的抗逆抗病能力。

实行 3 年以上轮作，避免连作。

多施有机肥，增施钾肥，提高植株抗病能力。

施行半高垄地膜覆盖栽培，降低田间湿度，创造不利于病害

浸染流行的外部环境。

在6—8月，每7～10天喷1次药，进行病害的系统药物防治。可选用的药剂品种有嘧菌酯、可杀得、多菌灵、甲基托布津、百菌清等，选2～3种药剂轮换使用，可起到较好的保护、预防效果。药剂使用浓度按说明书配制。因病菌主要从叶背面侵染，喷药时主要喷中下部叶片的叶背面，亩次用药液不少于50kg，喷匀喷透。两次用药间隔期内遇雨，雨后及时补喷，天气干燥时，可将用药间隔期延长到10～15天。

2. 疫病

天鹰椒疫病属土壤传播病害，在气温30℃以上，空气相对湿度95%以上的气候条件下，病情来势猛、发展快。辣椒疫病首先在植株的分叉处出现暗绿色病斑，并向上下或绕茎迅速扩展，病斑以上枝条死亡；拔起病株，可见茎基部一周变褐色，部分根系腐烂死亡。该病属毁灭性病害，病菌以浇水或雨水传播，暴雨后及浇水后遇中到大雨极易引起该病的流行。对此病尚无特效药剂，生产中一旦大面积发现症状，很难治疗，且产量损失很大，生产上要采取积极的预防措施。

实行起垄覆膜栽培，这是预防疫病的有效方法。

避免与茄科作物连作，实行3年以上轮作制。

增施有机肥及钾肥，避免氮肥施用过多。

收获后及时清洁田园，将病残体集中烧毁。

避免大水漫灌，实行沟灌、畦灌或喷灌，避免在大雨前浇水。

用1%福尔马林浸种30min，捞出后冲净种子表面的药液，可杀死种子表面的部分病原菌。

发病初期用40%的乙膦铝可湿性粉剂200倍或25%的甲霜灵500倍或乙膦铝、72%克抗灵1 500倍等药剂喷洒植株及地表，使药液顺茎流入根部土壤，亩喷药液50kg以上，隔6～7天喷1

次，连喷2～3次，对病情有一定的控制作用。

九、天鹰椒主要虫害防治

蚜虫、棉铃虫、玉米螟是天鹰椒的常见害虫，多数年份危害较重，甜菜夜蛾在多数年份为弱势群体，个别年份呈爆发性为害。由于它们直接取食植株的叶、花、果等器官，对产量的影响很大。在这类害虫的防治中，首先应注意当地植物保护部门的虫情发生情况预报，抓住最佳时机进行防治，将害虫杀死在二龄以前。生产中仍以药剂防治为主，可选用吡虫啉、氯虫苯甲酰胺、高效氯氰菊酯乳油、阿维菌素或Bt制剂等农药，复配或单剂喷洒，有条件的可用黑光灯、昆虫激素诱芯诱杀成虫，禁止使用高毒、高残留药剂。

十、天鹰椒“三落”问题及防治

天鹰椒“三落”指的是植株的落叶、落花、落果现象。“三落”天鹰椒生产中时常会发生的问题，也是对产量品质的负面影响最大的生产问题之一。在外部环境不适宜或环境条件恶劣时，天鹰椒植株的叶、花、果就会大量脱落，这应该是对植物本身有利的一种自我保护反应，待外部环境条件适宜时重新萌发侧枝，生长开花，但在生产上造成的是严重减产，甚至绝收。因此，从生产角度来看，这应该是一种遗传缺陷。在一般情况下，植株大量落叶后，光合能力急骤下降，即可引发落蕾、落花、落果。

引起天鹰椒“三落”的原因很多，根据调查，常见的“三落”原因可归为以下几类。

生理性脱落：这类脱落是植株生理代谢失调引起的。天鹰椒的花芽分化早在苗期就开始进行了，植株的营养水平，土壤水分、温度、光照等条件都会影响到花器的形成及花器的素质。植株营养水平低、生长不良、徒长、旱涝、高温、光照不足等不良

环境条件下分化的花器脱落率就高。在气候条件正常的情况下，落花落蕾的主要原因是植株营养不良，尤其是氮素不足或过多，影响植株的正常生长或营养分配，而导致脱落。春季早期落花落蕾的主要原因是低温干旱，盛花期的落花落果除自身营养水平外，高温干旱、雨涝、暴雨暴晴，都可能造成大量的落花落果，甚至落叶，造成严重减产。

病理性脱落：生产上炭疽病引起的落叶是病理性落叶的主要类型，如落叶严重，可引发大量的落花落果。

药源性脱落：天鹰椒是对药害抵抗能力较小的作物。由于田间施药不当引起的脱落也是比较多的。药液浓度过高或喷施天鹰椒敏感的药剂如敌敌畏、1605、辛硫磷等，都可造成叶、花、果实的直接药害，引起相应的器官脱落。近几年，随着玉米除草剂的推广应用，玉米除草剂对相邻天鹰椒田块的药害有增加的趋势，这一点应引起我们的重视。

虫害引起的脱落：红蜘蛛为害严重时，可直接引起叶片的脱落，棉铃虫等钻蛀性害虫钻蛀的蕾、花、果也会直接脱落。生产中一旦发生落叶、落花、落果现象，轻者减产，重者绝收。

对于发生的轻度脱落，尚可以积极查找原因，对症治疗，而一旦发生严重脱落，造成的损失往往是无法弥补的。因此，生产上应该采取积极的预防性措施，防止“三落”现象的发生。培育壮苗、半高垄地膜栽培、增施有机肥、平衡施肥、积极预防旱涝灾害、科学预防病虫为害、选择安全高效的农药品种及正确的施药方法，是预防“三落”现象发生的基本措施。

第五章 姬菇无公害栽培技术

第一节 主要生物学特性

一、形态特性

姬菇是平菇的一种著名商品菇，具有盖小柄长和味道鲜美、口感脆嫩的特点，其固定形态特征是：柄长4~8cm，菌盖直径0.8~2.8cm。姬菇在分类上属伞菌目口蘑科侧耳属（Pleurotus），是侧耳在特定环境条件下发育的具有固定形态特征的幼小子实体，并不是一个新的生物种。

二、营养特征

姬菇属木腐菌，菌丝生长快，分解能力强，对营养物质要求不太严格，许多富含纤维素、木质素的农副产品下脚料均可作为它的生产基质。

（1）碳源。碳源是姬菇最重要的营养源。栽培中，大多数富含纤维素、半纤维素、木质素的农副产品，均能作为栽培姬菇的主要碳源，如棉籽壳、玉米芯、棉花秆、黄豆秸等。但以棉籽壳栽培产量最高，生产中应用最多。补充碳源有葡萄糖、蔗糖（白糖、红糖均可），一般注水时加入，比例为0.1%~0.4%，可明显提高后期姬菇产量。

（2）氮源。氮源分有机氮和无机氮两种，姬菇优先利用有

机氮。因此，生产上一般采用各种天然含氮量较高的物质作氮源，如麸皮、玉米面，麸皮添加比例为2%～5%，玉米面2%～3%，生产实践证明，添加适量玉米面可明显提高姬菇产量，但由于其含有较多的可溶性碳水化合物，易引起真菌污染，故早秋气温较高时播种不宜加入。补充氮源主要有磷酸二铵、尿素两种，拌料、注水均可加入，料中含氮量较高，可增加姬菇幼蕾数量，达到增产目的。磷酸二铵一般添加比例0.2%～0.6%，尿素添加比例0.1%～0.3%。

（3）矿质元素。姬菇生长过程中，需要大量的磷、钾、镁、钙等常量元素，还需要铁、锰、铝、锌、钼、钴等微量元素，适量添加，可以增加产量并改良品质。常用矿质添加剂有：磷酸二氢钾、硫酸镁、生石灰、磷酸二铵等。

三、环境条件

（1）温度。温度是影响姬菇生长发育最重要的因素之一。姬菇不同发育期对温度要求不同，菌丝体在2～36℃的温度范围内均能生长，但以25～28℃生长最适宜，30～33℃菌丝生长虽快但较细弱，超过35℃菌丝生长不良。40℃高温持续2小时，菌丝死亡。

姬菇属中低温出菇类食用菌，出菇温度2～24℃，最佳出菇温度8～15℃，低于5℃出菇量小，生长慢且易出现畸形，菌柄变黑呈水浸状，菌盖霜白色，鲜食尚可，不能用于加工。高于16℃菇体生长快，但菇质较差，不易贮运。另外，姬菇属变温结实类真菌，子实体分化要求变温刺激，昼夜温差最好保持6～8℃，温差过小（2～3℃）菇体生长慢，菇质差。这一点，严冬出菇时必须注意，因严冬棚温一般保持在5～8℃，昼夜温差很小，应结合通风，人为拉大温差。

（2）湿度。水是姬菇的主要成分，菌丝生长阶段要求培养料含水量60%～65%，空气相对湿度70%左右。姬菇栽培一般为生料袋栽，对培养料含水量要求较为严格，含水量较低时，发菌虽快，但出菇困难，产量低；含水量过高发菌慢，发菌中后期菌袋积水易引起真菌、细菌感染，造成发菌失败。因此，拌料时加水量一定要严格，不可随意添加。

出菇阶段培养料含水量以65%～70%，空气相对湿度80%～95%为宜。空气相对湿度低于70%，子实体干燥粗糙；低于60%幼蕾易干枯死亡；高于95%，姬菇易变色腐烂，造成杂菌滋生。

（3）光照。姬菇是需光性真菌，但不同发育阶段对光的要求不同。菌丝生长阶段不需要光，光线太强反而不利菌丝生长，因此，发菌阶段必须采取遮光措施，保持发菌场所黑暗或弱光，但子实体形成和发育必须有散射光刺激，适宜的光线，姬菇色泽新鲜，菇形圆正。需光强度，一般以20～100lx为宜，需光强度比平菇要弱一些。光线过强（超过200lx）菇蕾易枯萎死亡。

另外，姬菇具有向光性，长时间受到单侧光刺激易向光弯曲，为此，受到均匀的散射光或变换相反方向的光照刺激是必需的。

（4）空气。姬菇是好气真菌，菌丝生长阶段，较高浓度的CO_2（0.03%～0.2%）能刺激菌丝生长，但浓度过高菌丝生长缓慢，甚至停止生长；子实体发育阶段对CO_2浓度极为敏感，需要一个较高且恒定CO_2浓度的环境。CO_2浓度过高，子实体受到毒害，导致畸形，甚至死亡；浓度过低，子实体柄短，盖大，达不到优质姬菇的目的。

（5）酸碱度。姬菇适宜中性偏酸环境生长，菌丝生长最适宜pH值为5.5～6.5，但姬菇菌丝对碱性环境耐受力很强，这对抵御杂菌污染很有意义，而且装袋播种后，由于培养料的发酵和菌丝生长均产生酸，可使袋内培养料的pH值在短时间内显著下

降，达到姬菇宜于生长范围，故生产中往往在培养料中加3%～4%的生石灰，调节培养料pH值达8.5左右，再装袋播种。

第二节　栽培配方

姬菇培养料应适当添加含氮物质，以增加子实体的数量，达到优质高产的目的，常用配方如下。

（1）棉籽皮88.3%～92.3%，麸皮3%～5%，石膏1%～2%，石灰3%～4%，磷酸二铵0.5%，硫酸镁0.1%，克霉灵或多菌灵0.1%，料水比1∶1.20～1.40。该配方为姬菇产区常用配方。

（2）棉籽皮93.3%，麸皮4%，玉米面2%，磷酸二铵0.5%，硫酸镁0.1%，克霉灵或多菌灵0.1%，料水比1∶1.20～1.40，该配方适于气温较低时采用，早秋不宜采用。

（3）棉籽皮54.5%～74.5%，玉米芯20%～40%，麸皮5%，尿素0.3%，硫酸镁0.1%，克霉灵或多菌灵0.1%，料水比1∶1.3～1.5。该配方为高产高效配方，试验证明，比棉籽皮单一主料配方增产15%～20%。

（4）棉柴屑30%～50%，棉籽皮41.3%～61.3%；麸皮4%，石灰4%，磷酸二铵0.5%，硫酸镁0.1%，克霉灵0.1%；料水比1∶1.5。

第三节　生料、发酵料栽培与管理技术要点

生料、发酵料栽培是姬菇栽培的主要生产模式，其优点是：栽培措施简便，易于菇农掌握，出菇猛，前期产量高。主要缺点为：栽培期短，遇不良气候易污染，后期产量亦较低。

一、配料

早秋栽培（9 月中旬至 10 月上旬），培养料可发酵处理，将配好的料按料水比 1：1.4 拌水均匀后，将料堆成宽 1m，高 1m，长不限的料堆，表面稍拍实后，按 30cm × 30cm 的行穴距扎直径 5 ~ 8cm 的孔，以利通气，料堆覆盖塑料膜保温保湿。建堆后 1 ~ 2 天，料温可升至 60℃左右即可翻堆，以后每天翻堆一次，共翻 2 ~ 3 次，每次翻堆后，料堆表面应喷洒高效氯氰菊酯 1 000倍液或辛硫磷 500 倍液杀虫。一般发酵 4 ~ 5 天即可散堆降温，当料温降至 30℃左右时即可装袋播种。

晚秋栽培（10 月中旬至 11 月底）可生料栽培，将配好的料按料水比 1：（1.20 ~ 1.30）拌匀后，堆闷 2 ~ 3 小时即可装袋播种。

配方中有玉米芯的，玉米芯应粉碎成蚕豆—黄豆粒大小，并于拌料前一天预湿堆闷 24 小时后再拌入棉籽皮料中。

二、装袋接种

1. 播种期的确定

姬菇属中低温出菇食用菌，出菇温度 2 ~ 24℃，最佳出菇温度 8 ~ 15℃，菌丝生长温度 2 ~ 36℃，最佳发菌温度 25 ~ 28℃。菌袋内由于发酵、生长产生热温度一般比气温高 3 ~ 10℃，因此，秋季气温稳定在 18 ~ 22℃时为姬菇最佳播期。

河北省中南部适宜播期为 9 月中旬至 11 月底，最佳播期为 9 月下旬至 10 月中旬。河北省地域南北跨度较大，气候相差悬殊，各地可根据本地的气温情况来确定适宜的播期。

2. 塑料袋预处理

一般选用折径 22cm，厚 0.02mm 的聚乙烯筒料裁成 48cm 长的料袋。塑料袋每 20 个为一扎，用缝纫机空针轧四道透气孔，透气孔的位置在距袋头 10cm 处各一道，中间每隔 9.3cm 一道，

孔间距1cm左右。装料前，用大头针将袋一头别好或用细线扎紧备用。

3. 菌种预处理

选生长健壮，外观浓白的适龄三级种，剥除塑料袋，用刀刮去两头接种块，用手掰成红枣至核桃大小装入洁净容器内备用。

4. 消毒

堆料、装袋播种场地要提前打扫干净，并喷洒1 000倍克霉灵溶液进行消毒。装袋播种工具及盛放菌种的容器均要清洗干净，使用前用0.1%的克霉溶液或70%的酒精擦拭消毒。

5. 装袋播种方法

姬菇栽培播种装袋同时进行，一般采用五层料四层菌种的层播法。袋两头垫料2cm左右，料面按平。中间料层分布均匀，菌种尽量贴着袋壁，边装料边按实。播种量一般占干料重的15%～20%。装完袋后在菌袋中间纵向扎一直径12～15mm的透气孔，扎至第一层菌种处，以不扎透菌袋为宜，然后用大头针或别的方法封住袋口。

姬菇播种装袋以手工为主，有条件的可采用装袋播种机，效率较高，装料均匀，发菌快，但装料较少，每袋装干料比手工少10%左右。

6. 播种装袋的质量要求

一般要求装料高度30～33cm，每袋装干料1～1.1kg，湿重2.3～2.6kg；装料松紧适度，以手托菌袋有弹性，不松软，不坚挺为宜。

三、发菌管理

1. 发菌场地及菌袋排放方式

气温较高时播种的，一般采取室外发菌。播种后将菌袋移至南房檐或棚前空地等阴凉通风处，井字排垛，排3～5层高。垛间距 20cm，每 2~3 垛留 50cm 宽的人行道，以便检查管理。垛上覆盖玉米秸等遮阴物，严防阳光暴晒菌袋。阴雨天垛上覆盖塑料膜，防止雨淋。气温较低时，需棚内或室内发菌，可采取井字排垛，排 4~5 层高或间隙排袋 6~8 层高，袋间距 3~5cm，垛间距 10~20cm。

2. 倒垛

发菌前期每 2~5 天倒垛 1 次，中后期每 7~10 天倒垛 1 次。倒垛时要将垛中的菌袋上下里外位置互换，以利均衡发菌，除定期倒垛外，还应注意观察菌袋温度，一旦发现垛中菌袋温度达到或超过 35℃时，应立即倒垛，散热降温。

3. 通风

室内棚内发菌的，每天应定时通风，菇棚不能封闭太严，一旦菌袋温度过高（达到或超过 35℃）应立即大通风，降温散热，以防烧菌。播种后，一般 20~30 天菌丝发满菌袋。发满菌的菌袋应后熟 5~7 天，再入棚出菇。

四、出菇管理

1. 菇棚地面处理

棚中心留东西走道宽 60cm，两边筑南北向垛底，垛底宽 35cm，垛间距 65~70cm，呈沟畦状。垛底应夯实清平。

2. 入棚排垛

将发育好的菌袋移入棚内码垛，一般垛高 7~10 层。气温较高时应采取间隙排袋法，袋间距 2~3cm。也可每排两层菌袋，放 2~3 根竹竿或高粱秸，以便散热。气温低时可不留间隙密排袋，以减少袋身出菇和充分利用菌袋自身的生长热来促进出菇。

3. 出菇管理

（1）开口催蕾。开口的工具是用一根小木棍绑缚的半片刮脸刀片。开口时，沿端面塑袋边缘画两个半圆，形似正反“双

C”。“双 C”两接头处不划开，仍保持相连。然后用手轻提袋口，使塑膜与料面形成缝隙，进入新鲜空气。这样就形成既透气又保湿利于菌丝扭结现蕾的小气候。小气候的湿度主要由菌丝呼出水分形成，因此，除非棚内土层过干不用格外加水增湿。

开口的次序依入棚顺序决定。一般每次开 4～5 垛，间隔至少 3～5 天，着意形成顺次开袋格局。这样，一方面能控制棚温、CO_2的急剧上升，降低管理难度，还能使采菇不过于集中，减轻采菇压力。

（2）出菇管理。子实体生长阶段分期管理的总原则：桑葚期（开口后）促使原基多分化，珊瑚期（原基形成后）保原基多存活，菌柄伸长期保柄盖按比例生长，形成优质菇。具体方法如下。

①桑葚期：温度控制在 3～20℃，最适 6～10℃，早晚无直射光或暗光时揭膜微通风，制造 5～10℃温差进行刺激，棚湿保持在 80%～85%，这样经 6～7 天，就有大量原基形成。

②珊瑚期：菇蕾布满料面出现菌盖分化后可把“双 C”塑料膜片逐渐提起撕掉。这时湿度应恒定在 85%～90%，撕去护膜的幼菇最怕风吹失水，这一段内要尽力减少温差、湿差，所以早晚通风时风口要随菇体发育再渐渐增大，菌盖长至 0.6cm 时即可转入伸长期。

③伸长期：通过加大风口和延长通风时间，制造干湿交替环境（75%～90%），大温差（5～20℃），促使子实体敦实肥厚，以提高单朵重量。总之，在栽培管理过程中，必须注意温度、湿度、光线及通风量等几个因素的影响。

（3）采收加工。姬菇菌盖超过 0.8cm，柄长至 4～8cm 即可采收。采收时用手掐住一束菇，稍用力往下掰，方向是自一墩菇的下侧逐束采起。采后的菇体，撕成单个，剪去毛根，分级，就可按鲜菇出售了。也可制成盐渍菇待售。

（4）采菇后料面处理。采菇后的端面菌丝层，只可择去枯死菇，不可搔菌耙掉老菌皮，温湿度合适很快出 2 次菇、3 次菇，直至料水枯竭。

（5）注水转潮。姬菇出一二茬菇后，菌袋水分和养分消耗较大，需补水追肥，一般采用注水法补水补肥相结合。注水的时间一般在每潮菇采摘完毕，下一茬菇已经现蕾时为最佳注水时间。第一次注水后，每出一潮菇注水 1 次，一般注水 2～3 次。经注水、补肥后菌袋可显著提高出菇量。

第四节　熟料栽培与管理技术要点

熟料栽培是姬菇栽培的近几年发展起来的新生产模式，其优点是：栽培期长，抗不良气候能力强，出菇均衡总产量高。主要缺点为：需要购置灭菌接种设备设施，前期栽培用工量大，灭菌、接种技术要求较为严格。

一、栽培季节

姬菇出菇的适宜温度为 8～20℃，自然条件下，一般 9—11 月为制袋适期。10 月中下旬至翌年 3 月为采收期。

二、培养基配方

（1）配方一。棉籽壳 86%，麸皮或米糠 10%，石灰 3%，石膏 1%，含水量 65%。

（2）配方二。玉米芯 80%，麸皮 10%，玉米粉 6%，石灰 3%，石膏 1%，含水量 65%。

（3）配方三。棉柴秆屑 46%，棉籽壳 30%，麸皮 10%，糠 10%，石灰 3%，石膏 1%，含水量 65%。

三、拌料、装袋及接种

1. 拌料

根据本地原料来源情况选择适宜配方，先干料混匀，再加水充分搅拌均匀。料水比（质量比）1：1.2～1.4，已预湿的培养料待其他原料拌匀后再混入一同搅匀。石灰先溶于水后取上清液加入，使 pH 值为 9～10。采用短期堆制发酵的培养料，期间翻堆 1 次。

2. 装袋

装入袋中的培养料要松紧适度、均匀一致。装好料后，袋口用绳子扎好或者两端套塑料颈环，用橡皮筋固定，再用塑料薄膜或纸封口。袋子规格为（20～23）cm ×（42～45）cm ×（0.025～0.03）cm。

3. 灭菌

装锅时，菌袋堆码应注意在袋间、锅膛周边及锅顶预留间隙。当天装料，当天灭菌。常压灭菌：当袋内温度达到 100℃时，小火保持 8～10 小时。

4. 接种

（1）接种室的消毒。先用漂白粉溶液或石灰水彻底清洁室内门窗、地板、天花板和工作台。待灭菌后的料袋温度冷却到 35～40℃时，放入接种室，关闭门窗，用气雾消毒剂蒸 2～3 小时，再将紫外灯或三氧杀菌机开启 30 分钟。

（2）品种选择。选用抗病虫、优质高产、商品性好的品种，常用品种有冀农 11、冀农 21 和脱毒小平菇等。菌种应无杂菌、无病虫、菌丝雪白、均匀整齐、生命力强、培养基不萎缩、不干涸，应符合 GB19172 要求。

（3）接种方法。手和种瓶外壁用 75% 酒精擦洗消毒，用经火焰灭菌后的接种工具去掉表层及上层老化、失水菌种，按无菌操作将栽培种接入待接袋口，适当压实，迅速封好袋口。用种量为一瓶栽培种（750ml）接10～12袋，或用一袋（22cm×42cm）栽培种接35～45袋。

四、发菌培养

接种后的菌袋及时运入已消毒的培养室内，菌袋间温度控制在20～28℃。培养室应加强通风，保持空气新鲜，空气相对湿度控制在60%～70%，遮光培养。

五、出菇管理

（1）清洁菇房棚。对出菇棚进行清洁，并做杀虫、杀菌处理后备用。

（2）排袋。菌丝满袋后及时移入菇棚。在地面上单排堆码或层架式排放。

（3）催菇。排袋后，揭去封口纸，给予散射光照，加强通风，人为加大昼夜温差，向菇棚地面及四壁喷水，保持空气相对湿度在80%～90%。

（4）出菇后管理。

①温度：出菇期间温度保持在8～20℃，最适出菇温度12～15℃。

②湿度：菇棚空气相对湿度保持在85%～95%。喷水的次数和多少应根据天气情况和出菇数量及菇体大小而定，宜喷雾状水。子实体珊瑚期不宜直接向菇体喷水。

③光照：子实体形成和生长发育期间，需要一定散射光照，避免阳光直射。

④空气：菇蕾形成后，适当减少通风换气次数，不宜大风直吹。以满足子实体菌柄伸长需要较高二氧化碳浓度的需求。

（5）转潮管理。采收一潮菇后，清除残余菇脚，停水养菌

3～4天，待菌丝发白，再喷重水增湿、降温、增光、促蕾，再按前述方法出菇管理，一般管理得当可采收5～6潮菇。

六、采收

1. 采收标准

当一丛菇中大部分子实体菌盖直径达1.1～2.0cm，柄长2.5～4.0cm时，及时采收。

2. 采收方法

握住菇体菌柄基部，扭下整丛菇体，放入框内，避免损伤。然后进行分级加工。方法是将每丛菇一分为二，在距离菌盖4cm处剪去菌柄基部，再将连接的菇体分成单个，并去掉菇体上的小菇。盛装器具应清洁，避免二次污染。

第五节　常见问题分析与处理

一、姬菇

姬菇的命名来源于日本，由日本汉字“姬茸”转译而来。姬菇是商品名，确切含义指在特定环境条件下，培育的具有较长菌柄和较小菌盖这一特定形态的平菇子实体，出口产品标准为菌柄4cm，菌盖直径0.8～2.8cm。国内市场鲜销要求不严，菌盖直径可稍大，菌柄长至4～8cm。姬菇因其体积小，又称小平菇。姬菇分类上属侧耳（平菇），但是只有少数平菇品种可以用作姬菇种，且姬菇栽培方法与平菇相差甚远。

二、姬菇的发展现状

姬菇首先在日本作为一种新的食用菌栽培生产，其出发菌株为黄白侧耳，故现在不少书籍介绍姬菇是黄白侧耳，其实我国现在姬菇生产用种绝大多数属糙皮侧耳。20 世纪 80 年代末河北省冀州市开始尝试姬菇生产，产品初期全部供应出口（主要是日本）。1997 年东南亚经济危机后冀州鲜姬菇打开了国内销售市场，姬菇才成为受国内外市场欢迎的食用菌产品。经过 10 多年的发展，河北省姬菇生产已形成了以冀州市为起源和中心，遍及新河、南宫、威县、广宗、宁晋等县市的特色食用菌集中产区，产区的姬菇产量占全国的 70%，是河北省四大食用菌生产基地之一，全国最大的姬菇生产和出口基地。

三、姬菇的开发前景

姬菇的开发前景广阔。

第一，姬菇的营养十分丰富，富含蛋白质和人体必需的 8 种氨基酸，矿物质及多糖。姬菇质地脆嫩，味道鲜美，适于炒、炸、汤食及作火锅菜，深受广大消费者青睐。此外，还具有降血压，降胆固醇等药用功能，从而受到药学界的关注，是一种有发展前途的高档食用菌。

第二，栽培姬菇原料丰富，姬菇能分解利用各种农作物秸秆、壳、皮作为培养料生产出绿色食品。同时，栽培姬菇的废料还可以用来栽培鸡腿菇，提高原料复种指数，增加收入。或加工成优质生态肥料，促进作物增产。

第三，姬菇栽培方法简单，较易掌握，成本低，产量高，与其他菇类相比，菌丝粗壮，分解纤维素的能力强，生长速度快，抗杂菌。即可熟料栽培，又可生料栽培，生产周期短、见效快，经济效益好，产品畅销国内外市场，是一种农民脱贫致富理想项目，发展前景非常广阔。

四、什么季节栽培姬菇最适宜

姬菇栽培的适宜季节主要是根据姬菇发菌和出菇所需要的温

度而确定的，不同地域气候不同，同一季节不同地区气温差别也较大。

姬菇菌丝生长温度为2～36℃，最适温度为25～28℃，子实体形成的温度为2～24℃，最适8～15℃。栽培季节我省中南部以8月中下旬进行栽培种生产，9月中下旬至10月上旬进行头批出菇袋生产，头潮菇以10月中下旬为宜，末批菇于翌年2月底至3月初结束，其他地区根据当地气温提前或推迟。

五、哪种菇棚适于栽培姬菇

以定深度、定宽度、定等高、定常设山墙通风口为特征的“四定地沟拱棚”适于栽培姬菇。墙式塑料大棚、平顶地沟菇房、坡型地沟拱棚分别存在保温保湿差、无光难换气、见光通风不均等设施缺点，不宜用于栽培姬菇。

六、“四定地沟拱棚”如何建造

“四定地沟拱棚”建造容易，造价低廉，一般东西走向，前后墙深（高）1.35～1.45m，宽5m，长10～20m，中拱高2.5m，山墙各设3个直径20cm的通风口，呈品字排列。用竹竿、松杆、竹片做架，上面覆盖塑料膜和麦秸即可。

七、姬菇有哪些优良品种

姬菇产区现主栽品种主要有2个。一是冀农11号，为我国第一株姬菇专用菌株，该品种抗逆性强，栽培容易，菇柄粗细适中，盖小圆整，呈灰褐色，出菇快而均衡，产量高，适盐渍和鲜销；二是冀农21号，菌丝生长快，出菇涌，菇体盖黑柄白，含纤维少，是姬菇优质高产新品种，适鲜销和盐渍。另有西德33号、无孢5号、姬菇10号等品种，可供选择。

八、姬菇栽培最佳装袋播种的方式

端放料层播装袋方式最适姬菇栽培，一般五层料四层菌种或四层料三层菌种。两端放料 2cm 左右，不宜太厚（太厚两端发菌慢，容易造成黑头）。端放料的菌袋形成的原基均匀整齐，紧贴料面，采摘时不易带料有利于下茬菇形成。

九、如何打口姬菇产量高

姬菇出菇最佳打口方法是双“C”打口法，即在开袋处画 2 个半圆，半圆对接的地方不割断，形成正反双“C”，然后稍提袋口进入新鲜空气。这样开袋，形成的原基多、齐，产量高。另外，也可采用拉直袋口法。平菇常用的打眼出菇法、小开口出菇法不适用于姬菇。

十、一个菇棚的菌袋要分批打口

姬菇菌袋打口后，生长代谢旺盛，短时间会产生大量的生长热和二氧化碳。如果全棚所有菌袋同时打口，一齐出菇，会造成棚温和棚内二氧化碳浓度陡升，增加发生捂棚、闷棚的危险性，同时，采摘难度也增大很多。顺次开袋易于维持棚温和二氧化碳浓度的恒定。具体做法是：依菌袋入棚的顺序，每次开袋 4～5 垛，间隔 3～5 天开口 1 次，全棚菌袋打口分 4～6 次打完。

十一、形成姬菇的环境条件

较低棚温料温，较高而稳定的二氧化碳浓度以及高湿弱光是形成优质姬菇的特定条件。

十二、出菇管理的重点

通风是温度、湿度、空气调控的总闸门，牵一发而动全身，

成为姬菇出菇管理的日常措施，总的原则是：温度高、菇体大、湿度大，大通、勤通；大雾天常通；温、湿度低、菇体小，小通、少通。通风时还要看风向，不揭迎风口。

十三、姬菇如何通风

姬菇棚通风有山墙通风口通风和棚侧通风两种。

山墙上的通风口相当于菇棚的鼻孔，一般昼夜开放，以调节棚内的温度和二氧化碳浓度。风天迎风面的通风口须关闭，严冬气温太低时通风口也需适当关闭。

棚侧通风一般以早晚通风为主，这时外边冷空气入棚向下走，棚内热气、浊气被排出，换气彻底。出头潮菇时，棚温较高，以散热保湿为主。早6：00、18：00各通风1小时，形成温差，刺激菇蕾形成。出菇后，视菌柄生长情况调节通风量。冬天温度低，通风与保温相结合，风天少通风，雨雾天多通风。通风的方法是每隔1m用木棍将棚两边的塑料膜撬起30cm高，或将距地面50cm的麦秸等覆盖物扒到一边，撩起塑料膜。通风结束，将塑料膜盖好，盖上麦秸等覆盖物即可。

十四、风天如何通风

有风天气也必须通风，应遵循背风通风的原则，即迎风面向一侧不通风，该侧的通风口也关闭，以免吹菇蕾，背风的一侧照常规通风。

十五、捂棚

姬菇菌袋出头潮菇时生长代谢旺，会产生大量生长热，在此时如果通风降温措施不力，袋内料温极易超过菌丝最高耐受温度（40～42℃），从而造成大面积死菇，此类菇体发黄、发干致死、基部发热、易松动掉下。捂棚的菌袋内菌丝已失去活力，一般不再出菇或很少出菇。雾天不易散热，因此捂棚常在雾天发生，因此，雾天要大通风、多通风。

十六、闷棚

在气温较高季节，开口集中，生长旺盛，通风量又不足的菇棚，常因棚内二氧化碳浓度过高导致姬菇中毒死亡，菇体变黄萎蔫，称作闷棚。发生闷棚的菌袋菌丝活力尚存，摘除死菇加强管理后，还可出下潮菇。

十七、姬菇盖柄比例失调的原因

盖柄比例失调的原因主要有两个：一是棚结构不合理。棚太深通气不良，二氧化碳沉积太多，菇体柄长盖小；棚太浅，二氧化碳浓度太低，柄短盖大。二是平时通风管理不到位。

解决办法：一是改良棚体，使菇棚深浅适宜；二是注意通风管理。

十八、姬菇最佳采摘时间和采摘方法

姬菇采收时期以一丛菇中最大单菇菇盖直径达到 2.8～3.0cm，为该丛菇采摘的最佳时期，采摘方法一般采用分束采摘。可将整丛菇一次采完，也可采大留小，分 2～3 次采收。分束采摘对原基形成层损伤最小，此层面菌丝又常处于湿润空气的滋润下，能在 4～5 天短时间内形成新的菇蕾，因此，要提倡分束采摘，呵面护蕾。

十九、姬茹采后的清茬

采菇后的菌袋端面，只可择去枯死幼菇，不可搔菌耙掉老菌皮，温湿度合适很快出下潮菇。若搔菌过度，则延迟出菇。

二十、注水最佳时机的掌握

姬菇出一二茬菇后，菌袋水分和养分消耗较大，需补水追肥，一般采用注水法补水补肥相结合。注水的时间一般在每潮菇采摘完毕，下一茬菇已经现蕾时为最佳注水时间。经注水、补肥后菌袋可显著提高出菇量。

二十一、常用营养液配方及注水方法

常用营养液配方为：

（1）磷酸二铵 0.2% ~0.4%，葡萄糖 0.2% ~0.5%，磷酸二氢钾 0.1% ~0.3%，硫酸镁 0.1%，石灰 0% ~0.2%，水 98.5% ~99.4%。

（2）尿素 0.1% ~03%，白糖 0.2% ~0.5%，硫酸镁 0.1%，石灰 0% ~0.2%，水 99.0% ~99.6%。

注水方法为：将配好的营养液装入大盆或大桶等容器内，置于距地面 2m 高处，以高低落差为补水动力，用专用注水器逐袋注水，每袋注水量 0.4 ~0.75kg。第一次注水后，每出一潮菇注水 1 次，一般注水 2 ~3 次。注水后的菇棚初始几天要加强通风，待注水时渗出的水蒸出下渗，湿度稳定后再转入正常通风管理。

二十二、姬菇常见的病虫害及防治措施

姬菇栽培季节一般为秋冬季，气温较低，病虫害较少，常见的病害有：绿霉病、褐斑病、腐烂病。常见的虫害有：瘿蚊、菇蝇等。在病虫害防治上要遵循预防为主，药剂防治为辅的原则，选择的农药必须高效、低毒、低残留，符合无公害姬菇的生产要求。

（1）绿霉病。姬菇发菌期的主要病害，由木真菌引起，可造成菌袋污染直至报废。防治措施如下。

①拌料时，添加3% ~4%的生石灰，调高培养料的 pH 值至 8 ~8.5，可有效抑制绿真菌发生。

②保持发菌场所清洁卫生，通风良好。

③菌袋发生点片绿真菌时，及时用5%生石灰清液或克霉灵 200 倍液注射真菌斑及周围培养料，抑制绿真菌的生长。

（2）褐斑病、腐烂病。出菇期主要病害，由细菌侵染子实体造成发病，发病的主要环境条件为，高温高湿或低温高湿、菇棚卫生条件差。防治措施如下。

①出菇期加强通风管理，控制喷水次数和喷水量，避免菇棚高温高湿。

②发病后在料面上喷洒 500 倍漂白粉或 5% 石灰水上清液。

（3）瘿蚊、菇蝇。姬菇发菌期的两种主要虫害，该两种害虫均以幼虫取食姬菇菌丝，造成菌袋退菌、污染及至报废。防治措施如下。

①拌料后及时装袋播种，发酵料每次翻堆后料堆表面喷洒高效绿氢菊酯乳油 1 000倍液或辛硫磷乳油 500 倍液。

②发菌期内，发菌场所定期喷洒高效绿氢菊酯乳油 1 000倍液或辛硫磷乳油 500 倍液杀灭虫害。

二十三、姬菇采后的加工

采菇后，剪去带培养料的菇脚，然后逐根撕开姬菇，按级别放置。如销售鲜菇即可装袋出售。如果盐渍需及时煮熟，并按每千克熟菇加 0.4kg 食盐的比例装入大缸等容器中进行盐渍。一般盐渍 15 天后即可出售。

二十四、姬菇的分级

出口姬菇一般分三级，一级菇盖直径 0.8 ~1.5cm，二级菇盖直径 1.6 ~2.2cm，三级菇直径 2.3 ~2.8cm，菌柄长度均为

4cm。国内鲜销分级不太严格，菌柄长度可延长至6~8cm。

二十五、利用棉柴屑栽培姬菇

棉柴屑栽培姬菇是河北省农业厅主导开发的一项秸秆栽培食用菌新技术，是完全可行的。

具体栽培技术为：棉柴秆用专用机械粉碎加工成屑状，再经闷料或发酵等简单处理可适作多种袋装食用菌的代料。经试验证明棉籽皮料添加15%~50%的棉柴屑栽培姬菇时，从发菌速度、产量到效益均优于纯棉籽皮料。

第六章　农作物测土配方施肥技术

测土配方施肥是我国施肥技术的一项重大改革，这一技术的推广应用，标志着我国农业生产中科学计量施肥的开始，自该项技术推广以来，已收到了明显的经济效益、社会效益和生态效益。

第一节　测土配方施肥的含义

测土配方施肥是以土壤测试和肥料田间试验为基础，根据作物需肥规律、土壤供肥性能和肥料效应，在合理施用有机肥料的基础上，提出氮、磷、钾及中、微量元素等肥料的施用数量、施肥时期和施用方法。它包括 3 个过程：一是对土壤中的有效养分进行测试，了解土壤养分含量状况，即测土；二是根据种植作物的目标产量、需肥规律及土壤养分状况，计算出需要的肥料各元素的用量，即配方；三是把所需的各种肥料进行合理安排，确定基肥、种肥和追肥的施用比例和施用技术，即施肥。好比病人到医院看病，医生先要为你检查化验做出诊断后再根据病情开药方。测土配方施肥就是“农田医生”为你的耕地看病开方下药。测土配方施肥技术的核心是调节和解决作物需肥与土壤供肥之间的矛盾。测土配方施肥的目的是满足作物对养分的需求，提高肥料利用率和减少用量，提高作物产量，改善农产品品质，节省劳力，节支增收。

第二节　测土配方施肥的理论依据

在生产实践中由于不懂科学施肥的原理，人们错误地认为多施肥就可以高产，“粪大水勤不用问人”，实际上事与愿违，造成“庄稼倒伏、籽粒干瘪”。从经济效益分析，叫做高成本、低收入。因此，施肥需打破传统观念，学会科学施肥理论。

一、作物生长必需的营养元素

万物生长靠太阳，作物生长发育必须依赖光合作用才能进行，作物光合作用需要适宜的温度、空气、水、光照和17种营养元素，一类是来自空气中的CO_2和土壤中的碳（C）、氢（H）、氧（O）；另一类主要来自土壤供给的养分氮（N）、磷（P）、钾（K）、钙（Ca）、镁（Mg）、硫（S）、铁（Fe）、锰（Mn）、铜（Cu）、锌（Zn）、硼（B）、钼（Mo）、氯（Cl）、镍（Ni）。

植物对氮、磷、钾需要量最多，称为作物三要素，是大量元素；钙、镁、硫需要量中等为中量元素，其余元素需要量极微，每克干物质中只有100μg或更少，称为微量元素。

二、最小养分律

作物生长发育需要吸收各种养分，但严重影响作物生长，限制作物产量的是土壤中那种相对含量最小的养分，也就是最缺的那种养分。如果忽视这个最小养分，即使继续增加其他养分，作物产量也难以再提高。只有增加最小养分的量，产量才能相应提高，最小养分不是固定不变的，解决了某种最小养分之后，另外，某种养分可能上升为最小养分。经济合理的施肥方案，是将作物所缺的各种养分同时按作物所需比例相应提高，作物才会高产。

美国管理学家彼得将最小养分律形象地比喻为水桶效应（图 6－1），一只水桶想盛满水，必须每块木板都一样平齐且无破损，如果这只桶的木板中有一块不齐或者某块木板下面有破洞，这只桶就无法盛满水。一只水桶能盛多少水，并不取决于最长的那块木板，而是取决于最短的那块木板，也可称为短板原理。一个水桶无论有多高，它盛水的高度取决于其中最低的那块木板。水桶盛水的高度比喻为作物产量的高低，木板的高度比喻为土壤中各种养分相对含量的大小。

图 6－1　水桶效应

最小养分律为我们合理施肥提供的有益启示：施肥要首先抓住主要矛盾，把最缺乏的养分补足。其次是平衡施肥，最小养分和次要养分同时补，产量才会上新台阶。

三、土壤养分同等重要律

对农作物来讲，不论大量元素或微量元素，都是同样重要，缺一不可的，即使缺少某一种微量元素，尽管它的需要量很少，仍然会影响某种生理功能而导致产量降低，品质下降。如玉米缺锌导致植株矮小而出现花白苗，棉花缺硼使得蕾而不花。微量元素与大量因素同等重要，不能因为需要量少而忽略。在施肥过程中，凡是作物必需的营养元素，不论是氮磷钾还是各种微量元素，都应该给予满足，不能忽视任何一个，否则，就会导致产量降低、品质下降。

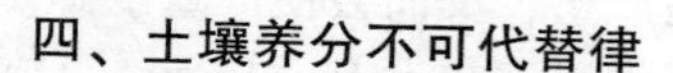

四、土壤养分不可代替律

作物需要的各种营养元素，在作物体内都有一定功效，相互之间不能替代。如缺磷不能用氮代替，缺钾不能用氮、磷配合代替。缺什么营养元素，就必须施用含有该元素的肥料进行补充。不能用一种肥料去代替另一种肥料。生产上如果过多的施用单一肥料，就会造成其他养分的缺失。

五、因子综合作用律

作物产量高低是由影响作物生长发育诸因子综合作用的结果，但其中必有一个起主导作用的限制因子，产量在一定程度上受该限制因子的制约。为了充分发挥肥料的增产作用和提高肥料的经济效益，一方面，施肥措施必须与其他农业技术措施密切配合，发挥生产体系的综合功能；另一方面，各种养分之间的配合施用，也是提高肥效不可忽视的问题。

六、报酬递减律

化肥是不是施得越多产量就越高呢？生产实践证明，当肥料用量逐级递增时作物产量并不随肥料增加而直线上升。却按抛物线的形式逐渐增加。因此，单位肥料量所增加的作物产量是逐渐递减的，施肥量与产量之间呈抛物线关系（图6－2）。这里需要提出的，报酬递减律并不是说随着肥料用量的增加，产量降低，而是产量总趋势在不断增加，但增加速度在减慢，使单位肥料量的增产量递减。而且，随着产量达到一定极限

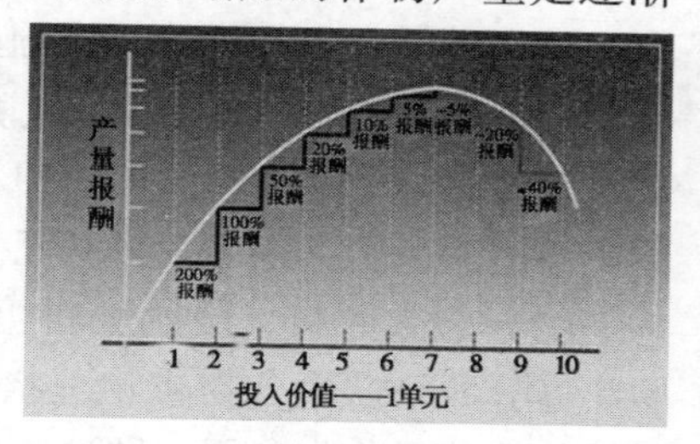

图6－2　施肥量与产量之间的关系

后，增加肥料施用量不仅不能提高产量，反而会使产量下降。

报酬递减律为我们合理施肥提供以下3点有益启示：①施肥不是越多越好，要适量，不要盲目追求最高产量，高产量并不等同于高收益；②那种“人有多大胆，地有多大产”的认识是违背客观规律的，过多施肥也会减产；③把有限的肥料应首先用到因养分投入不足导致的中、低产地区或田块，这样才能获得最大的总收益。而粗放的施肥方式更易导致施肥效果的递减。

七、养分归还学说

作物产量的形成有40%～80%的养分来自土壤，但不能把土壤看作一个取之不尽、用之不竭的“养分库”。为保证土壤有足够的养分供应容量和强度，保持土壤养分的平衡，必须通过施肥这一措施来实现。依靠施肥，可以把作物吸收的养分“归还”土壤，确保土壤肥力。

第三节　肥料基本常识

一、肥料的分类

1．按肥效快慢分类

（1）速效肥料。这种化肥施入土壤后，随即溶解于土壤溶液中而被作物吸收，见效很快。大部分的氮肥品种，磷肥中的普通过磷酸钙等、钾肥中的硫酸钾、氯化钾都是速效化肥。速效化肥一般用做追肥，也可用作基肥。

（2）缓效肥料。缓效肥料也称长效肥料、缓释肥料，这些肥料养分所呈的化合物或物理状态，能在一段时间内缓慢释放，供植物持续吸收和利用，即这些养分施入土壤后，难以立即为土壤溶液所溶解，要经过短时的转化，才能溶解，才能见到肥效，

但肥效比较持久，一些肥料中养分的释放完全由自然因素决定，未加以人为控制，如钙镁磷肥、磷酸二钙、磷酸铵镁、偏磷酸钙等，一些有机化合物有脲醛、亚丁烯基二脲、亚异丁基二脲、草酰胺、三聚氰胺等，还有一些含添加剂（如硝化抑制剂、脲酶抑制等）或加包膜肥料，前者如长效尿素，后者如包硫尿素都列为缓效肥料，缓效肥料常作为基肥使用。

（3）控释肥料。控释肥料属于缓效肥料，是指肥料的养分释放速率、数量和时间是由人为设计的，是一类专用型肥料，其养分释放动力得到控制，使其与作物生长期内养分需求相匹配。控制养分释放的因素一般受土壤的湿度、温度、酸碱度等影响。控制释放的手段最易行的是包膜方法，可以选择不同的包膜材料，包膜厚度以及薄膜的开孔率来达到释放速率的控制。

2. 按化学成分分类

（1）有机肥料。有机肥料指主要来源于植物和动物，施于土壤以提高植物养分为主要功能的含氮物料，例如，人粪尿、家禽粪、堆沤肥、绿肥、城镇废弃物、土壤接种物等。

（2）无机肥料：无机肥料标明养分呈无机盐形成的肥料，由提取物理和化学工业方法制成，如尿素、硫酸钾、磷酸二铵、过磷酸钙、氯化钾、尿素、过磷酸钙等。

（3）有机无机肥料。有机无机肥料指标明养分的有机和无机物质的产品由有机和无机肥料混合和化合制成。

3. 按所含养分种类分类

（1）单质肥料。单质肥料指只含氮、磷、钾 3 种主要养分之一者，也称单质化肥，如硫酸铵只含氮素，普通过磷酸钙只含磷素，硫酸钾只含钾素。

（2）复合肥料。复合肥料指化肥中含有 3 种主要养分的 2 种或 2 种以上的。如磷酸二铵含有氮和磷。

4. 按形态分类

(1) 固体化肥。在工厂中制成结晶状、颗粒状或粉末状的固体形态的化肥，这在包装、运输和施用方面很适合我国的农业技术水平。

(2) 液体化肥。在工厂中制成液体形态的化肥，如液氨、氨水、溶液肥料以及胶体肥料等，既可根际土施，也可叶面施肥，适合节水农业的要求。

(3) 气态化肥。主要用于温室大棚中补充CO_2等。

5. 按施肥时间分类

(1) 基肥。基肥指为满足农作物整个生育时期对养分的要求，在播种前或定植前施入的肥料，也称底肥。

(2) 追肥。追肥指为满足作物不同生育时期对养分的特殊要求，以补充基肥不足而施用的肥料。

(3) 种肥。种肥指为满足作物苗期对养分的要求，在播种时与种子同时混播或撒入的肥料。在定植时采取沾秧根的方式，所用的肥料也为种肥。

二、常用肥料的作用及施用方法

1. 氮肥

(1) 氮肥的主要作用。提高生物总量和经济产量；改善农产品的营养价值，特别能增加种子中蛋白质含量，提高食品的营养价值。施用氮肥有明显的增产效果，其增产作用要优于磷(P)、钾 (K) 等肥料。

(2) 正确施用氮肥。

①要将氮肥深施：氮肥深施可减少肥料的损失。深层施肥还有利于根系发育，使根系深扎，扩大营养面积。

②合理配施其他肥料：氮肥和有机肥配合施用对夺取高产、稳产、降低成本、培肥地力具有重要作用。与磷、钾肥配施，可

提高氮、磷、钾养分的利用效果。

③确定用量、比例和时间：根据作物的目标产量和土壤的供氮能力，确定氮肥的合理用量、基追比例及施用时期。

（3）尿素的施用方法及注意事项。

①尿素的施用方法：尿素属于仅含氮的单一化肥，易溶于水，为中性氮肥，养分含量较高，适用于各种土壤和多种作物，最适合作追肥，特别是根外追肥效果好。尿素施入土壤，只有在转化成碳酸氢铵后才能被作物大量吸收利用。由于存在转化的过程，因此，肥效较慢，一般要提前4～6天施用。同时，要求深施覆土，施后也不要立即灌水，以防氮素淋至深层，降低肥效。

②注意事项：一般不直接作种肥，做种肥时不宜与种子直接接触，撒施追肥注意在没有露水时施用，防止尿素沾在叶子上烧叶。尿素中含有少量的缩二脲，一般低于2%，缩二脲对种子的发芽和生长均有害。作种肥时，应将种子和尿素分开下地，切不可用尿素浸种或拌种。当缩二脲含量高于0.5%时，不可用作根外追肥。

（4）碳酸氢铵的施用方法。属于仅含氮的单一化肥，适宜做底肥，追肥覆土施用效果不错。不宜在小麦上做追肥。

2. 磷肥

（1）磷肥的主要作用。合理施用磷肥，可增加作物产量，改善产品品质，加速谷类作物分蘖，促进幼穗分化、灌浆和子粒饱满，促使早熟；能促使棉花、瓜类、茄果类蔬菜及果树等作物的花芽分化和开花结实，提高结果率，增加浆果、甜菜、甘蔗以及西瓜等的糖分、薯类作物薯块中的淀粉含量以及豆科作物种子蛋白质的含量；对于豆科作物，施磷能达到“以磷增氮”的目的；提高作物抗旱、抗寒和抗盐碱等抗逆性。

（2）正确施用磷肥。

①掌握磷肥用量：根据土壤供磷能力，掌握合理的磷肥

用量。

②掌握磷肥在作物轮作中的合理分配：在旱地轮作时，由于冬、秋季温度低，土壤磷素释放少，而夏季温度高，土壤磷素释放多，故磷肥应重点用于秋播作物上。如小麦、玉米轮作时，磷肥主要投入在小麦上作基肥，玉米利用其后效。豆科和粮食作物轮作时，磷肥重施于豆科作物上，以促进其固氮作用。

③注意施用方法：磷肥施入土壤后易被土壤固定，且磷肥在土壤中的的移动性差，导致其当季利用率低。为提高其肥效，旱地可用开沟条施、穴施。同时，注意在作基肥时上下分层施用，以满足作物苗期和中后期对磷的需求。

④配合施用有机肥、氮肥、钾肥：与有机肥堆沤后再施用，能显著地提高磷肥的肥效。但与氮肥、钾肥等配合施用时，应掌握合理的配比，具体比例根据测土配方结果确定。

（3）主要磷肥的施用方法。磷酸一铵、磷酸二铵都属于含磷为主的氮磷复合肥，适于各种作物各种土壤，用法一样，只是N、P_2O_5的含量不同，根据养分用量按标志含量计算实物用量，最好做底肥，不宜做追肥撒施。

过磷酸钙属于仅含磷的单一化肥，适于各种作物各种土壤，根据养分用量按标志含量计算实物用量，最好做底肥，不宜做追肥撒施。

3. 钾肥

（1）钾肥的主要作用。与氮、磷元素不同，钾在植物体内呈离子态，具有高度的渗透性、流动性和再利用的特点。钾在植物体中对60多种酶体系的活化起着关键作用，对光合作用也起着积极的作用。

钾元素常被称为“品质元素”。能促使作物较好地利用氮，增加蛋白质含量；使核仁、种子、水果和块茎、块根增大，形状和色泽美观；提高油料作物的含油量，增加果实中维生素C的含

量；加速水果、蔬菜和其他作物的成熟，使成熟期趋于一致；增强产品抗碰伤和自然腐烂能力，延长贮运期限；增加棉花、麻类作物纤维的强度、长度和细度，色泽纯度。钾可以提高作物抗逆性，如抗旱、抗寒、抗倒伏、抗病虫害侵袭的能力。

（2）正确施用钾肥。

①因土施用：从土壤质地看，沙质土速效钾含量往往较低，应增施钾肥；黏质土速效钾含量较高，可少施或不施。盐碱地不能施氯化钾。

②因作物施用：施于喜钾作物如豆科作物、薯类、甘蔗、甜菜、棉麻等经济作物，钾肥的增产效果最好。

（3）主要钾肥的施用方法。硫酸钾、氯化钾都属于仅含钾的单一化肥，两者皆宜做底肥，做追肥施用，注意别沾叶子，可撒后浇水。硫酸钾适于各种作物各种土壤，氯化钾不适于忌氯作物如薯类、烟草、茶树、葡萄、甘蔗、甜菜、西瓜、果树等和盐碱地，薯类、施用氯化钾生长受影响，烟草施用氯化钾生长良好但氯有阻燃性，严重影响其燃烧，甜菜、果树施用氯化钾将影响甜度和果品口感。盐碱地施用氯化钾将加重盐碱危害。

4. 复混肥的施用方法

一般氮磷钾都含，宜做底肥，不宜做追肥撒施。各种含量品种都有，在选择上要有针对性，选择适宜作物和自己的土壤。忌氯作物和盐碱地不要选择含氯的复混肥。

5. 控（缓）释肥

一般氮磷钾都含，宜做底肥，可一次底肥施足 N、P_2O_5、K_2O，免追肥，省时、省事省工，方便实惠。尤其适于棉花、玉米和天鹰椒。绝不能做追肥施用。

三、当前市场肥料产品中存在的问题

1. 以次充好，偷工减料

产品质量总体水平不高，偷减肥料养分，减少氮磷钾元素的含量，肥料养分含量低于标志值。以低于真肥料的价格在市场上销售，从而在短期内获得暴利，造成肥料市场价格混乱。由于养分含量不足，农民购买后使用效果不理想。

2. 标志不规范

(1) 夸大总养分含量，一元、二元肥料冒充三元肥料销售。按照国家肥料标志标准规定，复混肥料中的养分含量是指氮磷钾三元素的总含量，中量元素如钙镁硫和微量元素都不加以标识。有些厂家却故意将这些中量元素全部加入总养分中，或在一些有机－无机复混肥料中将有机质一并写入总养分中，有些二元肥料甚至将氯离子计入总养分，使实际总养分含量只有25%～30%的复混肥料通过虚假标志达到40%及以上。

(2) 仿冒进口肥料。在国外注册公司，没经国家有关部门审核就在国内生产销售，标志称由国外提供技术或与国外合作。仿冒正品包装袋、商标；模仿名称、原料产地以及标志进口许可证、国标灌包许可、授权生产等。

(3) 夸大产品作用。在包装袋上冠以欺骗性的名称，如，全元素、多功能、抗旱、抗病等。

(4) 擅自更改产品名称。假冒、套用肥料登记证号和擅自更改肥料产品名称。

四、肥料产品的包装标志要求

1. 肥料名称和商标

应标明国家标准、行业标准已规定的肥料名称。如××牌复混肥料（复合肥料）、有机肥料，如有商品名，可在产品名称下

以小一号字体标注。产品名称不允许添加带有不实、夸大性质的词语，如“高效××”“××肥王”、“全元素××肥料”等。

2. 总养分含量及单养分标明值

这是不法厂家经常做手脚的部分，复混肥料应标明 N、P_2O_5、K_2O 总养分的百分含量，总养分标明值应不低于配合式中单养分标明值之和，其他养分不得计入总养分。以配合式分别标明总氮、五氧化二磷、氧化钾的百分含量，如 45%（15：15：15）氮磷钾复合（混）肥料，二元肥料应在不含单养分的位置标以“0”，如氮钾复混肥料 15：0：10，即使加入中量元素或微量元素，不得在包装标志上标注。

3. 生产或经销单位名称和地址

该单位名称和地址应是经依法登记注册并能承担产品质量责任的生产者或经销者的名称、地址。

4. 必须标明三证

生产许可证号、肥料登记证号和产品的执行标准号。目前国家对复混肥料实行生产许可证管理，因此，复混肥料的包装标志上要注明生产许可证的编号；根据农业部《肥料登记管理办法》，各省级农业行政主管部门对市场流通的复混肥料、有机肥料、有机无机复混肥料等进行登记管理，包装标志上同样要标注肥料登记证号。

五、化学肥料的优点和缺点

1. 化学肥料的优点

从养分循环观点看，一切有机肥料所含的养分都是原来已经在农业循环之内的养分。而化学肥料最主要的优点是它可以增加农业循环中养分的总量。

（1）养分含量高。尿素含氮为 46%，硝酸铵含氮 34%，普通过磷酸钙含磷为 14% ~18%。而纯马粪含氮只有 0.4% ~

0.5%，含磷为0.2%～0.35%。1kg硫酸铵相当于人粪尿30～40kg，1kg普通过磷酸钙相当于厩肥60～80kg，1kg硫酸钾相当于草木灰10kg左右。所以，化肥的单位面积的使用量少，便于运输、节约劳力。

（2）肥效快。化肥都是水溶性或弱酸溶性，施入土壤后能迅速被作物吸收利用，肥效快而且显著，生长矮小的作物，施硫酸铵等氮肥后，就会长的茂盛起来。

（3）原料丰富，工业化生产。生产化肥都是用天然的矿物资源为原料，如石油、天然气、煤炭、磷矿石等原料丰富。可大规模工业化生产，不受季节限制，产量大、成本低。

（4）易保存、可久存。化肥较农家肥体积小，养分稳定，它们容易保存，保存期长，不易变质。

（5）多种效能。有些化肥不仅提供作物养分，而且还有提高抗逆作用和防病杀虫作用。石灰氮可作为棉花的脱叶剂，防治血吸虫病害；液氨，氨水，可以杀除大田的蝼蛄等虫害。

2. 化学肥料的缺点

（1）养分不齐全。化肥的养分不如农家肥齐全。一般化肥不含有机质，成分比较单一，只含1种或2～3种养分。即使复混肥料可以增加多种养分，也很难做到像农家肥料那样的全面性。

（2）有局限性。长期施用化肥易造成土壤板结和土壤污染。施用化肥要选择，才能获得满意的效果，不然会事与愿违。氯化铵不能用于烟草、甜菜、甘蔗等忌氯作物，石灰氮不宜用于碱性土壤。

（3）施用化肥要讲究方法。化肥浓度高，溶解度大，使用方法如果不当，容易造成危害。倘若直接接触种子或根系，则易烧籽烧苗；如若使用时间不当，也会造成贪青倒伏。

目前，我国在化肥的生产和使用中正在从重视数量转向质

量，以满足可持续发展的需要。另外，即使化肥的数量和品种发展到相当水平的时候，农家肥料依然是农业上一个重要的、必需的肥源，应该提倡农家肥料的使用，并与化学肥料取长补短，相得益彰。

第四节 冀州市主要农作物施肥策略

一、冀州市主要作物及耕地土壤养分状况

冀州市是一个农业大县，农业历史源远流长，目前，冀州市种植作物主要有小麦、玉米、棉花、天鹰椒，其他作物有花生、谷子、芝麻、薯类、豆类等，这些作物为自给自足的零星种植。随着农业田间的逐步改善，连年施用大量磷肥，秸秆还田的普及，土壤肥力在逐年上升，冀州市土壤从整体上讲缺氮、缺硼、磷钾中等，缺氮、缺硼是普遍现象，个别区域有富钾的、贫钾的、有高磷的、低磷的。

二、氮、磷、钾、硼的肥效

从小麦田间试验上看，肥效最高的是氮，在磷、钾肥的基础上，适量施用氮肥可增产150%，不施氮肥仅施磷、钾肥与不施肥效果是一样的，氮肥是最不可忽视的肥料。磷肥、钾肥效果相当，在磷肥、钾肥的基础上，适量施用可增产30%左右。

硼肥在小麦上有增有减，效果不稳定。硼肥效果表现最好的是玉米，亩底施硼砂1.75kg，可增产玉米100kg。在棉花上效果比较明显，亩底施硼砂1.75kg，增产籽棉25~30kg，投入10元钱产出100多元，效益相当可观。天鹰椒上效果与棉花相当，增产率在10%左右。

三、主要作物施肥建议

1. 冬小麦

（1）冬小麦施肥策略。从小麦高产实践看，围绕增穗数在施肥上有两条策略供选择：两促一控和两促。

①两促一控：底肥促，施足底肥，满足小麦喜“胎里富”的特性，适期播种、增加播量，确保返青期3叶以上的大蘖大于40万/亩（一般15cm的行距，1m内应有3叶以上的大蘖大于90个）。返青期控，不浇地不施肥，进行蹲苗防倒伏，拔节期促，小麦快速生长，养分吸收达到高峰期，此时，施肥有利于形成大穗。

②两促：底肥促，施足底肥，满足小麦喜“胎里富”的特性，适期播种，正常播量。返青期促，返青期3叶以上的大蘖不足40万/亩，要充分利用小麦的二次生长，大水大肥促分蘖、促成穗，确保小麦高产有足够的穗数。

以上两条途径的根本差别在于返青期是促还是控，取决于返青期3叶以上的大蘖的多少，不足40万/亩就要促，大于40万/亩就要控。两促一控的优点：一是成本低，用增加播量调整穗数比返青期大水大肥成本低很多，亩减少40～50元投入；二是返青期控，倒伏的风险小，且可以多增加些穗数，更利于高产；三是可使小麦正常落黄。

（2）冬小麦施肥量。

①氮肥：虽然氮肥施用的时间较长，但是氮不会在土壤中积累，过量的N通过挥发或淋失途径跑掉，现土壤中N还是30年前的水平，亩产500kg左右的麦田，亩施纯氮15kg即可达到高产高效的效果，其中，底施占1/2，拔节期追施占1/2。

②磷肥：通过30多年的大量施磷，土壤速效磷含量已达中等水平，改变了严重缺磷的局面，施磷满足需要即可，亩产

500kg 左右的一般麦田，施 P_2O_5 7.5kg 即可，不必过多施用。于耕地前撒施于表面，耕翻入土。

③钾肥：小麦生产从土壤中带走的钾较多，因我市多年来没有施钾的习惯，土壤钾得不到补充，年年亏损，冀州市土壤已由富钾水平演变成中钾水平，但还没有到严重缺钾程度，钾肥效果比较显著，亩产 500kg 左右的一般麦田，施 K_2O 5～7.5kg 即可，于耕地前撒施于表面，耕翻入土。

（3）冬小麦施肥存在问题。一是追肥偏早，大部分农户于返青期追肥，不是肥料吸收利用高峰期，不仅肥料利用率低，而且也是造成贪青晚熟和倒伏的重要原因。二是追肥量过大，在施足底肥（亩施 15：15：15 的复合肥 50kg）的基础上，亩追尿素 15～17.5kg 即可满足小麦需求，而大部分农户为追求高产亩追施量 25～35kg，实际上事与愿违，造成大量浪费。三是个别农户用碳酸氢铵做追肥，因没有被土壤覆盖，造成绝大部分的氮素挥发损失，起不到补充氮素不足的作用。

改进建议：改变高追肥成本的传统习惯，在稍增加播种量保障足够穗数的前提下，于起身——拔节期亩追施尿素 15～17.5kg。

（4）冬小麦水分运筹。造墒水、冻水、拔节水、灌浆水。一般年份播前造墒确保小麦全苗和苗期生长，播前墒情好可借墒播种。浇冻水保安全越冬不能免，墒情好浇小水，墒情不好浇大水。浇冻水的情况下，翌年返青期墒情较好不必灌溉。拔节水争取大穗。灌浆水保大粒。

2. 夏玉米

（1）夏玉米施肥策略。在施肥上应遵循前、中、后一路促的策略。这是由夏玉米的特性决定的，夏玉米生长期短，又是对光、热、水、肥利用率高的 C4 作物，底肥足，利于促苗早发，中、后期足保证结穗和灌浆双重对养分需求。

（2）夏玉米施肥量。施用以含 N 为主的控（缓）释肥，总施 N 量在 15kg 左右，P_2O_5 3.5～4kg，K_2O 6～7kg。施肥配合增加密度，产量可上新台阶。玉米生产上制约产量提高的两大因素是苗不全和肥不足。要保证一次全苗，首先选择好种子品种，保证种子大小一致均匀；其次把好播种质量关。

要施足肥料，必须改进现行的施肥方式，种、肥同行上下分布施肥方式施肥量不能过大，否则，易烧种影响出苗，可以改播种机为种一行、肥一行，但需大功率机械作业，也可以改播种方式，先播种后在行间播肥，2 次作业完成。

（3）主要存在问题。对玉米能吃多干的认识不到位，施肥量严重不足，相当部分农户不给玉米施肥，而是吃小麦的“剩饭”，亩产千斤即满足，即使给玉米施肥，量也严重不足，仅亩施尿素或玉米专用肥 15～25kg，亩产玉米 550～600kg。

改进建议：首先应认识到玉米能吃多干，再就是亩施玉米专用肥（以氮为主的 25∶6∶9 的复合肥）50kg，使玉米亩产达到 700～800kg，用控释肥的，可用带施肥器的播种机，播种施肥一次完成，但要注意肥种不能同行上下分布，避免肥烧种现象，肥种应左右分布，相距 10cm 以上；施普通玉米专用肥的，1/3 底肥，2/3 大喇叭口期一次开沟覆土追施。

3. 棉花

（1）棉花施肥策略。从棉花高产实践看，在施肥上应遵循前稳中后足的策略。这是由棉花的特性决定的，底肥不要过多，防止营养过旺，坐不住桃。中后足保证结铃和坐桃双重养分需求。

（2）棉花施肥量。

①氮肥：亩产 250kg 左右的棉花，亩施纯氮 13.5kg 即可达到高产高效的效果，其中，底施控制在 7.5kg，花铃期追施 6kg（折合追施 13kg 尿素）。

②磷肥：亩产 250kg 左右的棉花，亩施 P_2O_5 4～5kg，亩产

300kg左右的棉花，亩施P_2O_5 10～12kg。千万不要亩施P_2O_5 7～8kg，因这是低产量点的施磷量。于耕地前撒施于表面，耕翻入土。

③钾肥：亩产250kg左右的棉花，施K_2O9～11kg即可，于耕地前撒施于地表面，耕翻入土。

棉花要大力推广控（缓）释肥，N、P_2O_5、K_2O一次施足，结合早打顶，坐桃、长桃两不误。

（3）主要存在两个问题。一是相当部分农户怕徒长底肥不足，不能满足高产需求；二是相当部分农户不追肥，氮素远不能满足棉花需求。

改进建议：一般地应亩施15∶8∶22的复合肥50kg，如用尿素、二铵、氯化钾做底肥，要按养分含量折合实物用量。防徒长应采取7月初11～12个果枝时早打顶措施，及时将棉花调整为以生殖生长为主，使养分集中供应果枝和坐桃、长桃上，同时，加大化控，尤其在雨后应及时（植株上没水珠时）施用缩节胺化控。

4. 天鹰椒

（1）天鹰椒施肥策略。从天鹰椒高产实践看，在施肥上应遵循前稳中后足的策略。这是由天鹰椒的特性决定的，底肥不要过多，防止营养过旺，坐不住椒。中后足保证椒的生长和坐椒双重养分需求。

（2）天鹰椒施肥量。天鹰椒属于需氮肥、钾肥多，对磷敏感的作物，要多施氮肥、钾肥，磷肥必需适量。

①氮肥：亩产250～300kg的天鹰椒，亩施纯氮9kg即可达到高产高效的效果，底追各半合。

②磷肥：亩产250～300kg的天鹰椒，施P_2O_5 6kg左右即可。

③钾肥：亩产250～300kg的天鹰椒，施K_2O 10 kg即可，于耕地前撒施于表面，耕翻入土。

(3) 天鹰椒施肥存在问题。一是氮素严重不足，天鹰椒属高需氮的蔬菜作物，试验证明，天鹰椒亩施纯N18.5kg为最佳用量，大部分农户不足12.5kg左右，差6kg纯N；二是磷素严重超量，天鹰椒属对磷敏感的作物，适宜亩用量6kg，大部分农户在10kg左右，多4kg，不仅浪费，而且施磷过量，抑制N、Ca、Mg的吸收造成减产。

改进建议：亩施16∶12∶16的复合肥50kg，摘芯后追施尿素5~10kg促分枝，坐椒后追施尿素12.5~17.5kg促椒果生长。要在选好座椒性强的品种基础上，错开花期浇地施肥，并防治好棉铃虫，以免坐不住椒而产生“二层楼”现象，造成天鹰椒严重低产。

四、作物缺素症状

农作物缺乏应有元素的症状，缺乏或多于都会出现症状，症状的出现分为如下三大类。

一是症状发生在下位叶（老叶），上位叶则不显著：镁、钾。

二是症状发生仅限于植物幼叶、顶梢生长点：钙、铁、硫、硼、铜、锰、锌。

三是同时发生在上位及下位叶，但以下位叶较严重：氮、磷。

1. 氮

(1) 缺氮。明显病症是生长缓慢且叶片萎黄，植株浅绿、基部叶片（老叶）变黄，干燥时呈褐色。茎短而细，分枝（分蘖）少，出现早衰现象。若果树缺氮则表现为果小、果少、果皮硬等现象。例如，冬小麦在开春后，田间表现为叶色黄绿，叶片稀而小，植株细长纤弱，叶型如马耳朵，分蘖少而弱，这是缺氮元素的一种表现。针对作物缺素症状，此时，采用叶面施肥，喷施1%~2%尿素溶液，小麦叶片迅速吸收养分，缺素症状得以

及时缓解，比土壤追施肥料效果好，利用率高。

（2）过量。生长过快，贪青晚熟。

2. 磷

（1）缺磷。在形态表现上没有氮那么明显，症状一般从基部老叶开始，逐渐向上部发展。缺磷植株的叶片小，叶色暗绿或灰绿色，缺乏光泽。一些作物如大豆、甘薯和油菜等茎叶上出现的紫红色斑点或条纹，即是缺磷的表现。作物缺磷严重时，叶片枯死脱落。缺磷可使禾谷类作物分蘖延迟或不分蘖，株间叶片不散开，长相似“一炷香”；延迟抽穗、开花和成熟，穗粒少而不饱满。此外，造成玉米果穗秃顶、油菜脱荚、棉花和果树落蕾、落花，甘薯及马铃薯薯块变小，耐贮性变差。

（2）过量症状。成穗率低。

3. 钾

（1）缺钾。茎易倒伏，叶片边缘黄化、焦枯、碎裂，脉间出现坏死斑点，整个叶片有时呈杯卷状或皱缩，褐根多。粮食类作物及其他含糖量大的作物生长后期需钾量较大，如禾谷类和马铃薯、甘薯、西瓜、葡萄类。

（2）过量症状。叶边缘焦枯、生长迟缓、下卷。

4. 缺镁

叶片变黄，有时杂色（和缺氮的区别），叶脉仍绿，而叶脉间变黄有时呈紫色，出现坏死斑点。

5. 缺铁

脉间失绿，呈清晰的网纹状，严重时整个叶片（尤其幼叶）呈淡黄色，甚至发白。北方的果树如苹果、梨等易表现此症状。

6. 缺硼

首先表现在顶端，如顶端出现停止生长现象。幼叶畸形、皱缩。叶脉间不规则退绿。油菜的“花而不实”，棉花的“蕾而不花”，苹果的缩果病，萝卜的心腐病等皆属于缺硼的原因。

7. 缺锌

叶小簇生，叶面两侧出现斑点，植株矮小，节间缩短，生育期推迟。如果树的小叶病，玉米的花白苗等，硫在植物内移动慢，病症最初发生在幼叶上，造成叶部黄化。

8. 缺铜

新生叶失绿，叶尖发白卷曲呈纸捻状，叶片出现坏死斑点，进而枯萎死亡。如禾谷类表现为植株丛生、顶端变白，严重时，不抽穗、不结实。果树缺铜则表现为顶梢叶片呈簇状，叶和果实均退色等症状。

9. 缺锰

脉间出现小坏死斑点，叶脉出现深绿色条纹呈肋骨状。如柑橘的缺锰病。

10. 缺钙

钙在植物体内输送非常缓慢，因此，幼嫩部位缺钙发生时，老叶仍有大量的钙，缺钙时，叶片尖端部分弯曲黄白化，叶缘向上或向下皱褶（降落伞形），有黏液的分泌。幼叶叶脉间黄化，叶脉仍为绿色，严重时，黄白化的幼叶渐渐褐变且叶缘枯死，极端缺钙时易皱卷。

第七章　主要农作物病虫害防治

第一节　小麦主要病虫害

小麦整个生长阶段，植株各器官均可遭受病原和害虫的侵害。据统计，每年小麦生长及储藏期间因病虫危害而造成的损失，约占总产量的20%。例如，条锈病在1950年、1964年以及1990年发生全国大流行，共计损失小麦约116.5亿kg；20世纪90年代以来，麦蚜发生与危害迅速上升，在大力防治的情况下，每年仍造成小麦损失5 000kg以上。因此，在生产上应通过准确及时测报，采用农业技术（如抗性品种、精细栽培、科学肥水管理、控制和减少传染源等），配合以高效、低毒、低残留专用化学农药，适时精确防治，将病虫的危害控制在经济水平以下，确保小麦优质、高产、稳产，增加小麦产量和农民收益，并减少环境污染。

一、吸浆虫

1. 适用区域

黄淮以北小麦生产区。小麦吸浆虫主要有红吸浆虫和黄吸浆虫，沿河平原低洼区以红吸浆虫为主，西北麦区以黄吸浆虫为主。

2. 防治指标

土壤查虫时每取土样方（10cm×10cm×20cm）有2头蛹，

或灌浆期拨开麦垄一眼可见 2 ~3 头成虫时，应进行药剂防治。

3. 蛹期（小麦抽穗期）防治

（1）每亩用 5% 毒死蜱粉剂，600 ~900g 拌细土 20 ~25kg，顺麦垄均匀撒施。

（2）每亩用 40% 辛硫磷乳油 200ml，对水 1 ~2kg，喷拌在 20 ~25kg 的细土上，顺麦垄均匀撒施。

（3）每亩用 40% 辛硫磷乳油 300ml，对水 1 ~2kg，喷在 20kg 干土上，拌匀制成毒土撒施在地表。

4. 注意事项

施药后应浇水，以提高防效。重发麦田应适当增加药量。成虫期（小麦扬花至灌浆初期）补治：每亩用 40% 辛硫磷乳油 65ml，或菊酯类药剂 25ml，对水 40 ~50kg 于傍晚喷雾，间隔 2 ~3 天，连喷 2 ~3 次。或每亩用 80% 敌敌畏乳油 100 ~150ml，对水 1 ~2kg 喷在 20kg 麦糠或细沙土上，下午均匀撒入麦田。

二、麦叶蜂防治

1. 适用区域

长江以北小麦生产区。麦叶蜂以幼虫取食小麦等植物叶片，由叶尖和叶缘开始咬食，将叶片吃成缺刻状，严重时仅留下主脉。

2. 防治指标

每平方米麦田有 40 头麦叶蜂幼虫时应及时防治。

3. 防治方法

（1）合理耕作。种麦前深耕可把土中休眠幼虫翻出，使其不能正常化蛹而死亡。有条件地区实行水旱轮作，可减轻危害。

（2）化学防治。麦叶蜂要掌握在幼虫 3 龄前（一般抽穗前后）施药。每亩用 50% 辛硫磷乳油 30 ~50ml，或用 4. 5% 高效氯氰菊酯乳油 15 ~20ml 对水 45 ~50kg 喷雾。

三、麦蚜防治

1. 适应区域

小麦生产区。麦蚜主要集中在小麦叶片、茎和穗部危害，其中，在灌浆期对小麦危害较大。防治适宜期是小麦孕穗至灌浆期。

2. 防治指标

平均每百株小麦有蚜虫500头以上，或者有蚜株率大于25%时，应及时打药防治。

3. 防治方法

每亩用4.5%高效氯氰菊酯乳油15～20ml、或用70%吡虫啉水分散粒剂10～15g，手动喷雾器加水50～75kg，机动喷雾器加水10～15kg喷雾。

四、红蜘蛛

1. 防治适用区域

小麦生产区。为害小麦的红蜘蛛，主要有麦圆蜘蛛和麦长腿蜘蛛，黄淮麦区两种红蜘蛛混合发生，受害最为严重。红蜘蛛的成虫和若虫吸食小麦叶片的汁液，被害叶片表面布满黄白色斑点，逐渐扩大成斑块，叶片发黄。严重时，小麦不能抽穗，枯萎而死。防治指标：条播小麦单行30cm长有麦圆蜘蛛200头或麦长腿蜘蛛100头时，应及时用药剂防治。

2. 防治方法

（1）合理耕作。深耕灭茬，耙耱镇压，中耕除草，均可杀灭大量红蜘蛛。

（2）药剂防治。每亩用1.8%阿维菌素乳油8～10ml，或决螨特乳油30～50ml，手动喷雾器加水50～75kg喷雾。

3. 注意事项

起身拔节期于中午喷药效果最好。抽穗后气温较高天气则应于10：00以前和16：00以后喷药。

五、白粉病

1. 防治适用区域

小麦生产区。白粉病是全国性病害，在小麦各生育阶段均可发生，主要为害叶片，严重时也为害叶鞘、茎秆和穗部。

2. 防治方法

（1）选用抗病品种。

（2）加强栽培管理。采用正确的栽培措施可减轻发病。例如，施肥要合理，注意氮、磷、钾肥配合，适当增施磷、钾肥。南方麦区注意开沟排水，北方麦区适时浇水，使植株生长健壮，增强抗病能力。根据品种特性和麦地的肥力水平合理密植等。此外，在自生麦苗能越夏的地区，应在小麦秋播前尽量清除田间和场院等处的自生麦苗，以减少秋苗期的菌源。

（3）药剂防治。一般在孕穗末期至抽穗初期喷药效果最佳。在抽穗前每亩用20%粉锈宁乳剂50g或12.5%戊唑醇20～30g对水60～70kg喷雾，若发病重可在抽穗后再喷洒1次。

六、锈病

1. 防治适用区域

冬小麦生产区。小麦锈病是我国小麦上发生最广、为害最大的一类病害。锈病有条锈、叶锈、秆锈3种，田间可根据“条锈成行、叶锈乱，秆锈是个大红斑”的特点加以识别。主要分布区域为，条锈病：陕西、甘肃、宁夏回族自治区、四川、河南、云南、青海；叶锈病：全国大部分麦区；秆锈病：西南、华南、华北、东北等。发病特点：3种锈菌在我国都是以夏孢子世代在小麦为主的麦类作物

上逐代侵染而完成周年循环，是典型的远程气传病害。

由于小麦条锈病和秆锈病病菌越夏、越冬需要特定的地理气候条件，还需随季节在一定地区间进行规律性转移，才能完成周年循环。叶锈病虽然在不少地区既能越夏又能越冬，但区间菌源相互关系仍十分密切。所以，3 种锈病在秋季或春季发病的轻重主要与夏、秋季和春季雨水的多少，越夏越冬菌源量和感病品种面积大小关系密切。一般地说，秋冬、春夏雨水多，感病品种面积大，菌源量大，锈病就发生重，反之则轻。

小麦条锈病是适温喜湿、随气流远距离传播的病害，在雨量多、田间湿度大、结露、有雾的天气条件下容易发生。小麦品种间对条锈病的抗性差异较大。

2. 防治指标

病叶率 0.5% ~1%

3. 防治方法

（1）选用抗病品种。

（2）加强栽培管理，降低田间湿度。

（3）药剂防治。每亩用 15% 粉锈宁可湿性粉剂 100g，或用 12.5% 戊唑醇可湿性粉剂 20 ~30g，对水 50kg 喷雾。

4. 注意事项

在锈病发生初期用药防治效果最好，若发生大流行情况下，除及时防治发病严重的麦田外，要对周边发病轻和不发病的麦田施药剂防治，以控制病害进一步蔓延，减轻损失。

七、麦纹枯病

1. 防治适用区域

小麦生产区。纹枯病主要为害小麦茎秆基部和叶鞘，从苗期开始侵染，拔节后达到发病高峰。在小麦整个生育期均可为害，发生于植株茎基部，隐蔽性强，容易错过防治时期。出现枯株白穗时，施药已无效果。

2. 防治方法

（1）选用抗病品种。

（2）药剂防治。

①播种前用种衣剂拌种。②在分蘖末期每亩选用12.5%烯唑醇20～30g，或用15%粉锈宁100g加20%的井冈霉素25～50g，对水45～75kg对小麦茎基部进行喷洒，隔7～10天再喷洒一次，连喷2～3次。③在小麦纹枯病发生较重的地区，每亩用5%井冈霉素100～150g，手动喷雾器对水100～150kg喷雾，亦可对水300～450kg泼浇。

八、根腐病

1. 防治适用地区

小麦生产区。小麦根腐病菌潜伏在种子内和土壤中，随病株残体可存活1年以上。小麦整个生育期均可发病，以扬花后发病最重，具体表现为：根部产生褐色或黑色病斑，最后腐烂，病株表现出“假旱象”并出现“枯白穗”，然后成片干枯死亡。发生根腐病后，小麦一般减产20%～30%，严重的减产50%以上。

2. 防治措施

（1）药剂拌种。

（2）药剂喷雾。在孕穗至抽穗期，每亩用25%粉锈宁可湿性粉剂100g，对水40～50kg对茎基部喷雾。

九、黑穗病

1. 防治适用区域

小麦生产区。小麦黑穗病主要有散黑穗病和腥黑穗病，是由种子带菌下田。受害麦粒变成黑粉，发病株颗粒无收。

2. 防治措施

（1）选用检疫合格的种子。

（2）选用抗病品种。

（3）药剂拌种。

十、小麦赤霉病

小麦赤霉病为害不仅造成产量损失，人、畜食用病麦粒或面粉后，产生头痛、呕吐等急性中毒症状，长期食用还可发生器质性病变。赤霉病因我国南北麦区耕作制度和气候条件不同，病害侵染循环也不一样。不论是南方麦区或是北方麦区，带菌残体上产生的子囊壳，一般年份到小麦扬花前均可成熟。小麦扬花期遇雨发病就重，反之则轻。同一品种，低洼湿度大的田块较湿度小的田块发病重。因此，扬花期雨水多的年份特别要重视化学防治工作。

1. 适用范围

全国各地赤霉病发生为害的地区。

2. 防治措施

（1）农业措施。①选用抗病品种。②清除初侵染源。南方麦区重点抓稻田灭茬，清除表面稻桩稻草等病残体，北方麦区重点抓玉米根茬、棉铃和田边地头的玉米残体等病残体的清除。对病残体进行堆沤腐熟或烧毁。③开沟排水，降低田间湿度。

（2）化学防治。在小麦初花期至盛花期采用，药剂如下。①80%多菌灵微粉剂每亩50g，或用40%多菌灵胶悬剂每亩50～75g或50%多菌灵可湿性粉剂每亩100g；②70%甲基托布津可湿性粉剂每亩50～75g或50%甲基托布津可湿性粉剂每亩75～100g分别对水喷雾，或进行低容量喷雾。如果扬花期间连续下雨，第一次用药后7天下雨趁间断时再用药1次。

3. 注意事项

小麦赤霉病的发生和流行，受越冬菌量、气候条件、品种抗性和栽培管理等因素的影响，而湿度和降雨大小是赤霉病流行的限制性因素。赤霉病的防治要综合治理，最根本的应从选育和推广抗病品种着手，结合栽培管理来控制。

十一、病毒病

近年来在小麦上已发现 30 种病毒病，我国常见的有 7 种。小麦病毒病是我国北方冬麦区，尤其是西北地区小麦上的严重病害，其中，以黄矮病和丛矮病为害最大，土传病毒病主要发生在华东地区。

小麦黄矮病是由蚜虫传播的，其中，以麦二叉蚜最为重要。在我国西北、华北、东北、西南及华东等冬、春麦区都有不同程度的发生。以北方冬、春麦区特别是黄河流域各省为害最重。土地肥沃的麦田比薄瘠的麦田发病轻，冬灌的比不冬灌的发病轻，迟播的比早播的发病轻。黄矮病是小麦病毒病中分布最广，为害最重的。黄矮病从小麦幼苗时就可以为害，小麦感病越早，长得越矮，减产也越重。受害的小麦分蘖减少，并严重矮化。黄矮病的病叶，叶片变黄，叶脉仍为绿色，因而出现黄绿相间的条纹。

小麦丛矮病是灰飞虱传播的，灰飞虱在有病毒的小麦上取食后，体内带毒，可以终身传毒，但不能把毒传给后代。小麦播种后，灰飞虱从杂草或禾本科作物上迁入麦田，并传播病毒。由于耕作制度的变化在我国局部地区曾有发生，引起小麦严重减产。丛矮病也是全生育期都可侵染，染病越早减产越重。感病的小麦严重矮缩。与其他病毒病不同的是丛矮病使小麦的分蘖无限增多。

土传病毒病是由土壤里的一种病菌传播的，晚播的发病轻。土壤湿度大，利于传毒病菌活动，则发病重。土传病毒病共有 3

种：土传花叶病，黄花叶病，梭条花叶病。3种土传病毒病之间很难从症状上区分，一般是根据是否连年在固定的地区和田块上发生来确定是不是土传病毒病。梭条花叶病都发生在糜子地边，被称为糜疯病。生病后小麦茎秆扭曲所以又叫拐节病。

小麦红矮病的主要特征是感病小麦矮缩和叶片变红。红矮病只能由叶蝉传播，条沙叶蝉是主要的。叶蝉和红矮病的寄主相同。

1. 适用范围

全国各地病毒病发生危害的麦区。

2. 防治措施

（1）农业防治。①种植抗（耐）病品种。病毒病的防治首先考虑的是使用抗、耐病品种，有的病毒病很容易找到抗病品种、而且抗性持久，如小麦红矮病和土传花叶病毒病。有的只能找到比较耐病的品种，如黄矮病。②根据病毒病类型采用不同的栽培措施。丛矮病在套作麦田发生重，在棉麦套种地区，适当选用生产期较短的品种，在棉行内套种小麦要拔去棉柴后再翻耕播种，这样能起到控制丛矮病的作用。黄矮病的防治主要是减少麦蚜和病毒越夏数量。另外清除田间杂草，可以病少传毒昆虫的田间寄主，这对丛矮病防治尤其重要。施肥的原则以基肥为主、多施腐熟的有机肥，促进小麦生长发育，增强抗病力。土传病毒病的防治主要是推迟小麦播期，并减轻土壤湿度。

（2）化学防治。①药剂拌种。②喷药治虫：对虫传病毒病如黄矮病、丛矮病、红矮病等，治虫防病的是主要防治措施。喷药治蚜防黄矮病，喷药治灰飞虱防治丛矮病，药剂喷杀条沙叶蝉治红矮病。

3. 注意事项

小麦病毒病主要是栽培制度的改变（如间作套种、茬口安排不合理）及种植感病品种引起的，因此，生产上首先要选用抗病品种，其次要注意防虫来治病，切断传播路径。

第二节　玉米病虫草害主要种类

一、地下害虫

地下害虫主要有地老虎、蛴螬、蝼蛄等。地老虎较小的幼虫（一二龄幼虫）昼夜活动，啃食心叶或嫩叶；较大的幼虫（三龄后）白天躲在土壤中，夜出活动为害，咬断幼苗基部嫩茎，造成缺苗。大部分地下害虫多发生在玉米6叶期以前．发生严重的田块，常常造成缺苗断垄，使亩株数减少，严重减产。

防治地老虎的措施

（1）诱杀技术。地老虎成虫具有较强的趋光和趋化性。诱杀成虫是防治地老虎的上策。方法是利用频振式杀虫灯诱杀。对四龄以上幼虫用毒饵诱杀效果较好，方法是每亩用0.5kg50%辛硫磷乳油，加清水5L左右，喷在4～5kg炒香的黄豆饼上（也可用棉籽皮代替），搅拌均匀即成。于傍晚撒施于玉米幼苗附近。

（2）药剂防治。

①种子包衣：种子包衣可以起到杀虫、杀菌和促进幼苗生长等多种功能。常用的种衣剂以含有杀虫剂毒死蜱为首选。

②药剂拌种：可选用毒死蜱、辛硫磷等药剂按照药剂使用说明剂量加水稀释后，均匀喷洒到玉米种子上即可。

二、二点委夜蛾

二点委夜蛾［*Athetis lepigone*（Moschler，1860）］属鳞翅目夜蛾科委夜蛾属，是为害玉米的一种新发、突发害虫，2005年河北省首次发现为害玉米，发生面积大，受灾程度重，已经成为玉米生产上的一种新的生物灾害，是河北省玉米增产的最大威胁

之一。

1. 形态特征和生活习性

二点委夜蛾幼虫体色灰黄色或灰黑色，腹部背面有两条褐色背侧线，每个体节上有一个倒三角的深褐色斑纹，白天弯曲“C”形呈假死状，晚上活动为害。老熟幼虫体长20mm左右，体色灰黄色或灰黑色，头部深褐色。腹部背面有两条褐色背侧线，到胸节消失。卵馒头状，外形与棉铃虫卵相似，有纵脊，直径不到1mm。有分期成熟的特性，因而成虫有多次产卵的习性。该虫喜阴暗潮湿和幼嫩植株，一般在玉米根部或者湿润的土缝中生存，其为害部位以及幼虫形态与地下害虫“地老虎”十分相似。二点委夜蛾主要发生在秸秆还田且未灭茬地块，以幼虫躲在玉米幼苗周围的碎麦秸下为害玉米苗，在玉米幼苗3～5叶期主要咬食玉米茎基部，形成3～4mm圆形或椭圆形孔洞，切断营养输送，造成地上部玉米心叶萎蔫枯死。在玉米苗8～10叶期主要咬断玉米根部，包括气生根和主根，造成玉米倒伏，严重者枯死。田间仅见为害玉米和少量的小麦自生苗。各龄期都能取食腐熟的麦秸。喜食幼嫩组织。

2. 防治措施

对于二点委夜蛾的治理，要根据虫情分别采取应急防控和综合治理。该虫在田间隐蔽性强，世代重叠严重，幼虫为害期长，防治比较困难。应急防控要按照“治早治小，灭虫保苗”的原则，争取在幼虫三龄前进行防治。

一是药剂防治。方法有喷灌根部，可选用4%毒死蜱乳油1 500倍液、或用4.5%高效氟氯氰菊醋乳油2 500倍液。喷灌时将喷雾器喷头拧下，逐株喷灌药液。或用撒颗粒剂或毒土，每亩用3%辛硫磷颗粒剂1.5～2.0kg，拌细沙或细沙土30kg左右，或用80敌敌畏乳油300～500ml拌25kg细土，于早晨顺垄撒在玉米苗周围，同时进行划锄。或投毒饵，每亩用4～5kg炒香的麦麸或粉碎后炒香的棉籽饼，对少量水，加入48%毒死蜱乳油150ml拌成毒饵，于傍晚顺垄撒在玉米苗边。

二是清除覆盖物。把覆盖在玉米根茎周围的麦糠麦秸等覆盖物进行清除，可使药剂能直接接触到二点委夜蛾幼虫，提高防治效果，同时，也将部分隐藏在覆盖物下的虫子带出田外。

三是及时扶苗培土。对倒伏的玉米大苗，在防治害虫的同时，及时扶苗培土，促进玉米扎根，恢复正常生长发育。为害严重的地块，因地制宜地改种生育期较短的适宜作物。

三、玉米螟

玉米螟又称玉米钻心虫，是黄淮海夏玉米产区主要害虫之一。玉米螟是多食性害虫，寄主植物多达200种以上，但主要为害的作物是玉米、高粱等。

玉米螟的综合防治：

（1）越冬期防治。对玉米、小麦轮作区，提倡收获玉米雌穗后秸秆还田然后再播种小麦；如果玉米秸秆收获，建议4月底以前应把玉米秆、穗轴作为燃料烧完，或作饲料加工粉碎完毕。

（2）大口期防治。在心叶末期被玉米螟蛀食的花叶率达10%应进行防治。防治方法用3%辛硫磷颗粒剂按每亩0.25kg，掺细沙7.5kg，拌匀，撒入心叶中，防治效果良好。

（3）生物防治。在大喇叭口期玉米螟产卵高峰期接种松毛虫赤眼蜂卵控制玉米螟的发生。当田间百株卵块达3～4块、天气晴朗时即可放蜂。一般每亩释放2万～3万头赤眼蜂，分两次释放，间隔5～7天。每亩放3个点，每个点周围半径一般以20m左右为宜。

（4）穗期防治。穗期玉米植株高大，难以喷药防治。若玉米螟发生较重可采用人工滴注药剂的方法（尤其适于制种田）。常用的药剂有4.5%高效氯氰菊酯乳油或20%氰戊菊酯乳油，稀

释500倍液，在雌穗苞顶开一小口，注入2ml左右药液，可兼治穗期发生的棉铃虫。

四、黏虫

黏虫是一种暴发性的害虫，俗称行军虫、夜盗虫，年份之间发生有一定差异。此虫在河北省不能越冬，初虫源是由外地迁入的（成虫）。第二代为害玉米，此时正值小麦生长后期，幼虫不取食小麦，以田间幼嫩杂草和玉米为食，待小麦收割后，幼虫全部转移集中到套种玉米的植株上取食，如不及时防治，黏虫会将玉米的叶片全部吃光。

防治方法：

（1）成虫盛发时，采用频振式杀虫灯诱杀。

（2）幼虫的防治以生物防治如Bt制剂等和化学防治相结合的方式。药剂可选用：灭幼脲、高效氯氰菊酯、功夫等。

五、蚜虫

为害玉米的蚜虫主要是玉米蚜。该虫自玉米大喇叭口时期直到玉米收获时均能为害。

防治玉米蚜虫常用的高效低毒药剂有吡虫啉、啶虫脒以及含有两者有效成分的各种混剂。

六、粗缩病

玉米粗缩病是由灰飞虱传播病毒引起的一种病毒病，发病后，植株矮化，叶色浓绿，节间缩短，基本上不能抽穗，因此，发病率几乎等于损失率，许多地块绝产失收。

1. 发病条件及规律

粗缩病的发生发展与灰飞虱在田间的活动有密切的关系。当田间小麦近于成熟时，第一代灰飞虱带毒传向玉米，所以，播种越早，发病越重，一般春玉米发病重于夏玉米。夏玉米套种发病重于夏直播玉米。

2. 粗缩病综合防治

防治策略应选种抗耐病品种和加强栽培管理、配合药剂防治的综合措施。

（1）选用抗耐病品种。目前，没有发现对粗缩病免疫的品种，抗病品种也少，生产上有较耐病的品种，可选择使用。鲁单50、农大108、山农3号等对粗缩病抗性较强。

（2）调整播种期和耕作方式。整播期，适期播种，避开5月中下旬灰飞虱传毒高峰。山东省春玉米应在4月中旬以前播完，夏玉米应在5月底到6月上旬播种，改套种为夏直播，清除地头、地边杂草，减少侵染来源。对早播玉米发病重的，应尽快拔除改种，发病轻的地块应结合间苗拔除病苗，并加大肥水，使苗生长健壮，增强抗病性，减轻发病。

（3）药剂防治。吡虫啉对灰飞虱有十分突出的防治效果，使用含有该药剂的玉米种衣剂处理种子，是控制幼苗期灰飞虱为害，防治粗缩病传播的有效措施。常用的种衣剂有5.4%吡·戊玉米种衣剂或含有吡虫啉的其他种衣剂。未包衣处理的玉米种子，如果是麦套玉米，在小麦收割后对玉米苗立即喷洒吡虫啉或啶虫脒，包括田间、地头的杂草也要均匀喷洒药剂，有效控制灰飞虱，防止病毒的再传播。

七、玉米大（小）斑病

玉米大（小）斑病是玉米上的重要叶部病害。20世纪70—80年代，随着抗病杂交种的推广应用，大（小）斑病基本得到控制。目前，由于病原菌小种的演变，加上生产中推广的某些骨干自交系较感染大（小）斑病，使大（小）斑病在某些区域不同程度发生，尤其是制种田。

玉米大（小）斑病综合防治措施　防治策略以推广和利用抗病品种为主，加强栽培管理，及时辅以必要的药剂防治。

药剂防治：目前，防治大（小）斑病常用药剂有50%多菌灵可湿性粉剂500倍液或70%甲基硫菌灵可湿性粉剂800倍液，隔5～7天喷1次，连续防治2～3次。

八、玉米丝黑穗病

玉米丝黑穗病又称乌米、哑玉米，是一种苗期侵染、严重影响玉米高产的一个重要病害。

综合防治措施：

（1）种植抗病品种。利用抗病品种是防治丝黑穗病的根本措施。

（2）种子处理。采用种子包衣技术，是有效控制该病害的重要措施之一。常用的高效、低毒玉米种衣剂有5.4%吡·戊悬浮种衣剂、20.3%毒·福·戊悬浮种衣剂等，种衣剂中含有防治玉米丝黑穗病的高效药剂——戊唑醇，对该病害有突出的控制效果；如果种子未进行包衣处理，也可使用戊唑醇、福美双、三唑酮（粉锈宁）等药剂拌种处理，也会收到较好的效果。

九、玉米褐斑病

该病主要为害叶片、叶鞘和茎秆，以前对玉米生产影响不大。进入21世纪后尤其是近几年来，褐斑病在黄淮海夏玉米产区发生逐年加重，造成叶片干枯早衰，影响产量。

玉米褐斑病的综合防治：

（1）选种适合当地的抗、耐病高产品种。

（2）加强栽培管理，合理施肥。防止偏使氮肥，合理增施磷钾肥。

（3）适当降低种植密度，提高田间通透性。

(4) 发病重的地块，玉米收获后清除病残体，避免秸秆还田。

(5) 化学防治措施。在发病初期可用三唑酮、丙环唑、苯醚甲环唑等药剂防治，7天后视病情进行再次防治。

十、玉米茎腐病

玉米茎腐病的病原菌组成复杂，可由多种病原菌复合或单独侵染，主要为腐真菌和镰刀菌。

防治对策：加快抗两种病原菌品种的选育工作；选用抗病品种；在发病重的地区或田块，播种时，用硫酸锌肥作为种肥（每亩3kg）；增施钾肥（氯化钾每亩8kg），提高植株抗病性，可降低发病率。

十一、玉米穗腐病

玉米穗腐病的病原菌以串珠镰刀菌为优势致病菌，而禾谷镰刀菌为次优势致病菌，此外还可由曲霉菌和青真菌等病原菌引起。

近年来，由禾谷镰刀菌引起的穗腐发生较前几年为重，并有进一步加重的趋势，可能和小麦—玉米两熟免耕以及秸秆还田造成的田间菌量增加有一定的关系。同时，穗腐病的发生与穗期害虫为害呈显著正相关，近年来，穗期害虫种类和数量发生明显变化，由原来的玉米螟为害，变为玉米螟、棉铃虫和桃蛀螟多种害虫共同为害，加重了穗腐病的发生，特别是在抽丝到灌浆期如遇雨水多，湿度大，发病率可高达50%以上。

防治对策：①种植抗病品种，品种间抗性差异明显；②健康栽培，适时收获。③加强穗期虫害防治工作，减轻玉米穗腐病的发生。

第三节　棉花病虫害

一、棉花苗病

1. 症状

幼苗受害，幼茎基部和幼根肥肿变粗，最初呈黄褐色，后产生短条棕褐色病斑，或全根变褐腐烂。主要有炭疽病、猝倒病、立枯病等

2. 防治方法

在苗期，棉苗根病初发时，及时用40%多菌灵胶悬剂、65%代森锌可湿性粉剂或50%退菌特可湿性粉剂500～800倍液，25%多菌灵500～800倍液，25%多菌灵可湿性粉剂500倍液，70%托布津或15%三唑酮可湿性粉剂800～1 000倍液喷洒，隔1周喷1次，共喷2～3次。

二、棉花黄枯萎病

1. 症状

现蕾期病株症状是叶片皱缩，叶色暗绿，叶片变厚发脆，节间缩短，茎秆弯曲，病株畸形矮小，有的病株中、下部叶片呈现黄色网纹状，有的病株叶片全部脱落变成光秆。

2. 防治方法

在轻病田和零星病田，采用12.5%治萎灵液剂200～250倍液，于初病后和发病高峰各挑治1次，每病株灌根50～100ml。

三、棉花铃病

1. 症状

整个铃壳表生松散的橘红色绒状，比红腐病的霉层厚，病铃不能开裂，僵瓣上也长有红色霉粉。主要有红粉病、黑斑病、腐烂病、曲霉病等。

2. 防治方法

可喷用50%多菌灵、70%托布津、75%百菌清等可湿性粉剂500～1 000倍液。

四、棉花炭疽病

1. 症状

棉籽和幼芽受害，变褐腐烂；棉苗受害，幼茎基部初呈红褐色斑，渐呈红褐色凹陷的梭形病斑，病重时斑包围茎基部或根部，呈黑褐色湿腐状，棉苗枯萎而死。子叶受害，叶缘产生褐色半圆形病斑，病斑边缘紫红色。

2. 防治方法

在苗期阴雨连绵，棉苗根病初发时，及时用40%多菌灵胶悬剂或50%退菌特可湿性粉剂500～800倍液，25%多菌灵可湿性粉剂500～800倍液，25%多菌灵可湿性粉剂500倍液，70%托布津或15%三唑酮可湿性粉剂800～1 000倍液喷洒，隔1周喷1次，共喷2～3次。

五、棉花角斑病

1. 症状

真叶发病，初为褐色小点，渐扩大成油渍状透明病斑，后变为黑褐色病斑扩展时因叶脉限制而呈多角形。

2. 发生规律

苗期土壤含水量较高，7—8月的铃期雨量较大，尤遭暴风雨侵袭时，角五病易流行。

3. 防治方法

在发病初期，喷洒1：1：（120～220）波尔多液400～500

倍液。

六、棉花蚜虫

1. 症状

棉蚜主要吸食汁液。造成叶片卷缩，叶背油光，严重时叶片枯黄脱落，蕾铃受害，易落蕾，影响棉株发育。5 月上中旬至 6 月中旬进入苗蚜为害高峰期；7 月中旬至 8 月上旬为伏蚜猖獗为害期。苗蚜发生在出苗到 6 月底，5 月中旬至 6 月中下旬到现蕾以前，进入为害盛期。适应偏低的温度；气温高于 27℃ 繁殖受抑制，虫口迅速降低。伏蚜发生在 7 月中下旬至 8 月，适应偏高的温度，27 ~ 28℃ 大量繁殖，当日均温高于 30℃ 时，虫口数量才减退。

2. 防治措施

（1）种子包衣。播种前种子包衣，防治棉花苗蚜有效期长达 40 ~ 50 天。这是目前防治棉蚜最经济有效的措施。

（2）喷药防治。防治蚜虫用 70% 啶虫脒 WP，苗蚜每亩地用药 5g，伏蚜每亩地用药 10g，对水 30kg 喷雾，持效期在 20 天以上；其次为 35% 赛丹（硫丹）乳油 1 500倍液、啶虫辛 800 倍液。

（3）添加助剂。为了提高防治效果，达到延长药效等目的，在防治蚜虫的同时，可根据不同的情况加入适当的助剂。如为了增加速效性，每桶水可加入 4ml 敌杀死一支；为了延长药效，每桶水可加入 5ml 好渗一袋。

七、棉红蜘蛛

1. 发行规律

温度 24 ~ 28℃，相对湿度在 75% 时繁殖最快。

2. 防治方法

1.8% 阿维菌素 3 000倍液，或用哒螨灵 1 000倍液喷雾。

八、棉盲蝽

1. 症状

寄主与为害棉盲蝽除为害棉花外，还为害豆类、豆科绿肥、十字花科蔬菜、麻类、向日葵、麦类、谷子、高粱等。

2. 发生规律

盲蝽生长的最适温度为25℃，相对湿度在70%以上。

3. 防治方法

常用农药有4.5%高效氯氰菊酯乳油2 000倍液，40%辛硫磷乳油1 200～1 500倍液，亩用75kg喷雾。高抗性盲蝽用5%氟虫腈悬浮剂3 000～5 000倍液喷雾防治。

九、棉铃虫

1. 症状

寄主与为害棉铃虫是典型的多食性害虫，除为害棉花外，还为害玉米、小麦、高粱、豌豆、苕子、苜蓿、番茄、向日葵等作物。

选用bt基因抗虫棉品种。

2. 防治方法

成虫产卵盛期为防治适期。常用杀虫剂有4.5%高效氯氰菊酯乳油1 500倍液，亩用50～75kg喷雾。大龄幼虫可选用5%甲氨基阿维菌素苯甲酸盐分散粒剂1 500倍液、或20%氯虫苯甲酰胺3 000倍液喷雾防治。

第八章　农业机械化新技术

第一节　玉米深松分层施肥精量播种技术

深松分（全）层施肥免耕精量播种技术是一种一次作业可以完成深松、分（全）层施肥、玉米免耕精量播种等多项功能的联合播种作业技术。该技术先进，实现一沟三用［深松沟具有深松效果，同时既是分（全）层施肥沟又是种床沟］、多效叠加，有效改善玉米根系密集层的水、肥、气、热和微生物条件，为玉米生长创造优越环境，促进玉米产量大幅增加。

一、作业前的准备工作

1. 配套动力

深松、分（全）层施肥、免耕精量播种是复合作业，动力需求较大，拖拉机功率一般要在 90 马力（1 马力≈735W）以上，以四轮驱动型为最好。两轮驱动型，在自身重量不足、附着力不够时要合理增加配重，以保证机组能够正常作业，地轮不打滑、机组不翘头。

2. 适宜作业的农田

一般农田均可以进行作业，但是在适宜条件下作业阻力小、播种性能好。适宜条件为土壤壤质为沙壤、轻壤、中壤、重壤和轻黏土，土壤含水率在 12% ~20% 范围内，麦茬高度要小于 15cm、麦秸切碎长度小于 10cm 且均匀抛撒地表。

3. 种子选择

根据当地气候、土壤、肥力、水分等条件选择优良品种。要注意查看种子包装上的生产日期、有效期，亩播量、亩株数，施肥要求与特性等说明。

4. 肥料选择

采用测土配方施肥效果最佳，玉米专用缓释复合肥较好，普通复合肥效果一般。

二、作业质量要求和播种日期

1. 深松深度

深松深度要求25cm以上，深松作业后地面平整，无土块堆积与秸秆堆积。

2. 深松行距与播种行距

深松行距与播种行距一般采用同一数值，60cm左右最佳，便于玉米收获机械作业。

3. 播种密度

播种密度宜合理密植。虽然不同品种播种密度有所不同，但由于分（全）层施肥用量大、肥效利用率高，较常规种植密度可以适度提高，视土壤地力管理等具体情况，可以采用种子说明书上标注密度范围的上限或略高一些。

4. 穴距

用密度和行距计算出株距（穴距），以便于检测亩播量。

5. 播种深度

播种深度一般宜在3～5cm。播种过深，延迟出苗，幼苗瘦弱；播种过浅，难以掌握，易出现漏籽现象，影响出苗。

6. 种肥深度

首层施肥应在种子下方或侧下方5～8cm处，即深松沟内10cm左右，其他肥料施在深松沟内10～25cm范围。

7. 施肥量

一般在50～60kg/亩。一次施肥，不用追肥。

8. 播种日期

小麦成熟收获后，应及时播种，越早越好。河北省一般宜在6月10—20日。

三、播种机的台架检查、调整与性能检测

播种机的台架检查，主要用于新机具首次使用前，其目的是使机手尽快掌握机具结构和部分性能，为调整与试播打好基础。

在平整地面将机架水平架起、地轮距离地面30cm左右，地轮（可调式）调整到中间高度位置，播种限深轮调整到与地轮同一水平面。按播种质量要求，检查深松深度、播种深度、深松行距和开沟器相对深松铲位置，并使各行保持一致。对不合格项进行调整。

性能检测要对排肥性能、播种性能分别进行。方法是转动地轮20～30圈，分别接取肥料、种子并称重、进行计算，检测亩施肥量、亩株数（密度）、各行一致性。对不合格项进行调整后再检测。

四、播种机的挂接、调整与试播

将播种机与拖拉机上下拉杆挂接。在待播地中空机行进10～20m，调整机架使其左右、前后均处水平，以保证施肥、播种性能均能符合要求。

将种子、化肥加入播种机中，在待播地中行进20～30m试播。检测深松深度、播种深度、穴距行距、施肥深度，性能不合格项进行调整后再试播。

五、播种作业要求与注意事项

1. 播种作业要求

播种机入土时要边走边放，轻缓入地工作；行进中速度要均匀、播行要直，两作业幅之间连接要准确，邻接行要符合要求。作业中注意要观察，防止排种器堵塞，发现异常要停车检查、排除故障。作业前、后要按说明书要求进行保养。

2. 作业质量检测

每进入一家地块都要进行一次质量检测，特大地块要在中间进行1～2次检测。当进入与前次地块在土壤、含水率等不同的情况，不仅要进行检测，更要进行相应调整。

3. 注意事项

（1）特别注意播种深度，防止过深。深松沟上部的土壤由于深松铲的作用，已经破碎或撕裂，后面的播种开沟器工作时作业变小，且由于机组较重，种子容易播的较深，如果发现问题后要及时调整，确保播深在3～5cm。

（2）准确掌握深松深度，防止施肥过浅造成烧苗。由于深松铲与分（全）施肥铲采用同体结构，深松深度在25cm时，首层施肥深度10cm左右；当深松深度过浅时，首层施肥深度就会同时变浅，如深松深度为20cm，首层施肥深度为5cm，种肥之间间距过小，容易造成烧苗。

（3）安全事项。播种机在作业时（开沟器入土时）严禁倒车和转弯；未停车熄火状态下，严禁对播种机进行调整；播种机悬挂臂升起时，没有牢靠支撑严禁在机具下检修。

六、田间管理配套技术

1. 浇蒙头水

播种作业完成后，应尽早浇蒙头水，这样不仅可以增加土壤

墒情，还可以踏实土壤，避免种子架空，达到一次播种保苗全、苗齐、苗壮。

2. 后期管理

后期管理与玉米常规管理基本相同，区别在于不需追肥。

苗期管理：化学除草，防止虫害（灰飞虱、黏虫等）、病害（粗缩病）。

穗期管理：浇水（拔节期、抽雄、灌浆期）、防治玉米螟及蚜虫、红蜘蛛等。

适时收获：在玉米乳腺消失期，出现黑层，籽粒显示出品种固有的颜色和光泽时收获。

第二节　机械化植保技术及机具

目前在黄淮海地区，田间管理除草杀虫主要靠人工背负喷雾器进行作业，用药标准不统一，高危农药使用泛滥，农药残留物超标，农药包装和容器随意丢弃，给土地和河流造成严重的污染，也给农产品安全带来严重的安全隐患，同时对喷药人员人身健康带来危害；近几年，国家为了加强农产品安全管理，有效控制病虫灾害的发生，通过政策扶持和管理监督，加强农药使用管理，实施统防统治，而实现统防统治的前提是机械化代替人工进行喷药作业。

一、农哈哈机械集团有限公司 3WX－280 自走式（高秆）旱田作物喷杆喷雾机产品介绍

3WX－280 自走式（高秆）旱田作物喷杆喷雾机适合高、低秆作物 10～240cm 范围的除草和杀虫喷药作业，高效率作业，低能消耗，性能先进，性价比高；450L 药箱容量一次可连续作业 21 亩喷洒面积，减少配药灌水次数，8m 幅宽全覆盖无漏喷作业，1 分钟可作业 1 亩地，每亩耗油约 0.5 元，每天作业面积可

达200～300亩，是统防统治喷药作业首选产品见下图。

图　3WX－280自走式（高秆）旱田作物喷杆喷雾机

该机具有以下特点。

（1）喷药架升降和伸展靠电磁阀液压操控系统控制，方便快捷，安全可靠。

（2）作业幅宽8m，作业速度快，1min 1亩地；喷幅宽度8m内任意可调，适合不同大小地块作业。

（3）喷头。采用意大利进口一体三嘴式喷头，方便满足不同喷药量的调换；并且每个喷头体配置独立开闭装置，适合不同宽度地块作业；扇形喷洒、无飘逸、无滴漏，全覆盖喷药作业。

（4）过滤系统。采用四级过滤系统，在分水器上增加一级超级过滤装置，增强了过滤性能，大大降低了堵塞过滤系统的几率发生。

（5）药液搅拌功能。在药箱内设置了搅拌喷头，能使药箱内药液完全均匀搅拌，不会发生农药沉淀现象，保证喷药效果。

二、北京丰茂3WX－280G自走式高秆作物喷杆喷雾机

3WX－280G型自走式高秆作物喷杆喷雾机是农哈哈机械集团有限公司最新研制的可实现高秆作物全过程施药的植保机械，可广泛应用于玉米、高粱、甘蔗等高秆作物。

1. 主要技术参数

（1）整机动力。四冲程汽油机、柴油机。

（2）最大功率。13Hp/3 600rpm、8. 5Hp/3 600rpm。

（3）药箱容积。280L。

（4）液泵流量。40L/min。

（5）工作压力。0. 2～0. 4MPa。

（6）搅拌方式。回水搅拌。

（7）喷杆形式。分五段，四段人工折叠，喷幅6m。

（8）喷洒系统。喷洒部件原装进口。

（9）喷杆高度。500～2 700mm。

（10）喷雾速度。4km/h。

（11）防治效率。400m^2/min（0. 6 亩/min）。

2. 该机具主要特点

（1）工作效率高、操作者劳动强度低，单人操作，每分钟可防治0. 6 亩。

（2）极具人性化的结构设计，操作方便、简单。

（3）喷杆高度可调，可根据作物不同生长时期的高矮来调整最佳喷洒高度。

（4）后轮距可调，可根据旱田作物的不同种植行距来调整后轮的行走宽度，可大大减少工作时对作物的损坏及损伤。

（5）采用多种离合器控制方式，能够实现启动、行走、喷药等动作的单独控制。

（6）采用进口喷头，专用的喷雾系统，雾粒细、雾化均匀，能够大大提高农药的利用率。

第三节　玉米联合收获机械化技术

一、玉米联合收获机械化技术介绍

玉米联合收获技术是利用玉米联合收获机收获玉米，可一次完成玉米摘穗、输送、剥皮、茎秆切碎、果穗收集、根茬破碎还田等作业的机械化技术。

玉米联合收获机械化技术的基本工作过程是：机器顺行前行，分禾器从根部将玉米秆扶正并引向拨禾链，在拨禾链的拨送和夹持下，玉米植株被引向摘穗板和拉茎辊之间，由相对回转的拉茎辊将玉米茎秆向下方强制拉引，果穗到达拉茎辊上方的摘穗板上，而茎秆被拉茎辊继续向下拉引，果穗受摘穗板阻挡，穗柄被拉断。果穗经输送器（搅龙）输送进入第一升运器，向剥皮装置输送，进入剥皮装置的果穗在重力、剥皮辊抓取力和压送器的作用下，果穗上的苞叶被剥皮辊上的凸钉划破散开，由剥辊抓取并撕下。剥了皮的果穗落入第二升运器，由升运器输送到集穗箱或输入脱粒装置进行果穗脱粒。摘穗后的茎秆经排运装置送入茎秆切碎装置，经滚筒式或转子式茎秆粉碎机粉碎切割，将切碎的茎秆经提升器提升后装入并行的草车，也可将切碎的茎秆经排运装置形成一拢撒出，便于人工回收或秸秆还田。

二、注意事项

1. 作业前注意事项

（1）玉米联合收获机作业前应适当调整摘穗辊（或摘穗板）的间隙，以减少玉米籽粒破碎。

（2）正确调整秸秆还田机的作业高度，保证留的玉米茬高度不小于10cm，以免还田刀具因打土而损坏较快。

（3）如果要安装玉米秸秆除茬机，应确保除茬刀具的入土深度，保持除茬深浅一致，以保证作业质量。

（4）机组在进入地块收获前，必须先了解所要作业地块的基本情况。包括玉米的品种、玉米栽种的行距、玉米成熟的程度、果穗下垂及茎秆倒伏的情况；作业地块有无树桩、石块、田埂、水沟、通道情况、土地承载能力；是否需人工开道、清理作业地块地头的玉米、摘除倒伏的玉米等事情，要提前进行清理；根据地块大小、形状，选择进地和行走的路线，以便有利于运输玉米的车辆进行装车。

2. 作业中注意事项

（1）开始作业一段时，要停车观察收获损失、秸秆粉碎的状况，检查各项技术指标是否达到要求。

（2）开始时先用低速收获，然后适当提高速度。喂入量要与行走速度相谐调，注意观察扶禾、摘穗机构是否有堵塞情况。

（3）作业中，注意避开石块，树桩等障碍，以免刮坏割台和折损秸秆还田装置的切碎锤爪。

（4）作业中注意尽量对行收获，根据果穗高度和地表平整情况，随时调整割台高度，保证收获质量。

（5）注意观察发动机动力情况，掌握好机组前进速度，负荷过大时降低行进速度。

（6）作业中，注意果穗升运过程中的流畅性，以免被卡住、造成堵塞；随时观察果穗箱的充满程度，及时倾卸果穗，以免果满后溢出或卸粮时卡堵现象。

（7）选择大油门作业，以保证作业质量；作业中不准倒退；转弯时要提升秸秆还田机。

（8）收获机作业到地头时，不要立即减速停机，应继续保持大油门，前进一端距离，以便秸秆被完全粉碎。

（9）停机前要空转1～2min，须将摘穗台和果穗升运器里的玉米果穗全部运送进集穗箱，保证割台和各部件上没有残留的玉米。

三、提高机械作业效率的方法

（1）玉米收割机在收获过程中，要根据玉米的产量、玉米高度、玉米成熟程度、地块松软情况等因素选择合理的作业档位。当玉米产量较低、成熟较透、地块比较干硬，可选择三档；当玉米产量较高时，要选择一档。

（2）驾驶员进行收获作业时，要做到眼观六路耳听八方，手勤快。要随时观察驾驶台上的仪表、玉米联合收割机机台上玉米收割和运送情况，机组各工作部件的运转情况。要时刻仔细听着脱粒滚筒以及其他工作部件的有无异常声音。看到或听到异常情况必须立即停车排除。当听到发动机声音比较沉闷、脱粒滚筒有异常声音，并且看到发动机冒黑烟，说明滚筒内脱粒阻力过大，这时候，要适当地把脱粒滚筒间隙调大、降低前进速度或立即踩下主离合器摘挡停车，切断联合收获机前进的动力，然后再加大油门进行脱粒，等到声音正常以后，再降低一个作业档位或减少割幅，进行正常收获。

（3）玉米联合收割机进入收获地块地头，应以较低的速度进入，但要保证开始收割前发动机达到正常的作业转速，使脱粒机全速运转。自走式玉米联合收割机进入收获地块地头前，应先选择好作业档位，并且使无级变速降到最低的转速，需要增加前进的速度时，尽量通过无级变速实现，避免更换档位。收获机作业到地头时，要缓慢的提升起玉米割台，以比较低的前进速度进行拐弯，但不应通过减小油门减速，以免造成脱粒滚筒堵塞。

四、常见故障排除方法

1. 发动机无法启动

发动机无法启动分两种情况：一是启动电机正常，但发动机无法启动。故障排除的方法步骤是：首先要检查有没有燃油，再检查柴油滤清器是否被堵塞，若滤清器使用时间超过400h，应及时更换新的滤清器。最后检查油水分离器内有无积水。二是启动电机不能工作。故障排除的方法步骤是：先检查主调速手柄是否处在“停止”位置，如果不处在“停止”位置，则是因为安全启动开关的作用，发动机无法启动；然后再打开安全启动开关，报警器声音如果偏小，说明电瓶的电太弱。如果主调速手柄处在“停止”位置，电瓶也有电，再检查总保险丝及各电路的保险丝是否烧断。

2. 作物无法输送，输送状态混乱

故障排除步骤：一是关闭发动机，检查传送链条或者爪形皮带的张紧度；二是通过调整脱粒位置的微调杆，使穗端对正脱粒喂入口的标准位置；三是如果扶禾部输送状态混乱，要调整扶禾器变速手柄、副调速手柄及扶禾器支架的滑动导轨位置；四是如果低速作业输送状态混乱，把副调速手柄调到“标准”位置，但是当靠近田埂部以低速（0.1～0.3m/s）作业时，如果玉米茎秆堆积于脱粒链条，就要把副调速手柄调到“倒伏”位置。

3. 割茬不齐

故障排除步骤：首先关闭玉米联合收割机的发动机，检查割刀内有无夹异物、刀片间隙是否调的过大以及刀片是否缺齿或被折断。如果发生上述情况，要立即清除掉割刀处的异物，把割刀片与固定刀片之间的间隙调整为0.1～0.5mm或更换新刀片。

五、不同环境因素下玉米收割机的操作技术

1. 大风天气的操作

在大风天气，用玉米联合收获机进行收获玉米时，玉米联合收割机不要顺风向进行收割。因为，如果顺风向进行收割，由于大风的作用，在玉米收割机割台处，拨禾轮就不能很好的拨禾，影响正常收割。

2. 倒伏玉米地块的操作

用玉米联合收获机收获倒伏的玉米时，一是要适当降低玉米联合收获机前进的速度。二是要选择逆割或者侧割。玉米联合收获机作业前进方向应与作物倒伏方向相反称为逆割，玉米联合收获机作业前进方向与倒伏作物成45°左右的夹角称为侧割。三是适当把拨禾轮向前、向下调整，以保证拨禾轮顺利拨禾，正常收割。

3. 低矮玉米的操作

在收割低矮玉米时，要割台和拨禾轮进行适当的调整和改装，在调整割台高度时，应保持割茬不高于15cm而割刀又不吃土，如果割茬过低、割刀吃土就会使割刀磨损严重、崩齿或者损坏。为了保证正常收割，要把拨禾轮向下、向后进行适当调整；增加联合收获机作业前进速度，保证正常的脱粒喂入量；顺着播种行方向进行收获作业，既能减少因前进速度增加引起的玉米联合收割机强烈振动，也能减少收割损失。

4. 过干、过熟玉米的操作

收割过干、过熟玉米时，一是要降低拨禾轮高度，防止拨禾轮击打玉米穗头部位，以减少掉粒；二是降低拨禾轮转速，以减少拨禾轮对切割玉米的击打次数。

六、安全生产要求

（1）非机组人员不得随便上联合收获机。

（2）收获机运转前和起步前，都必须先发出运转和起步信号。

（3）机组人员不能穿长和宽大的衣服，刮风时要戴上风镜工作。

（4）收获机工作时，严禁在收割台前和拖拉机前活动。

（5）收获机运转时不许用手或身体其他部位接触危险运动部件，禁止靠近摘穗台拨禾链、拉茎辊、茎秆切碎还田机等危险运动部件，要与整机保持安全距离。及时保养、调整、维修、检查电线路及清理堵塞，并且一定要停车，待发动机熄火、零部件停止运转后才能进行。

（6）禁止在作业现场加油和机器运转时加油，严防漏油和加油时有撒漏现象，严禁在收获机上和作业现场吸烟，夜间工作时，严禁明火检查机具各部位，以免发生火灾。

（7）在摘穗台下工作时，必须把摘穗台可靠支撑后进行。

第四节　机械化烘干技术及机具

粮食哄干技术是以机械为主要手段，采用相应工艺和技术措施，人为控制温度和湿度等因素，在不损失粮食品质前提下，降低粮食含水量，使玉米含水率达13%左右，达到国家安全贮存标准的干燥技术。

该技术的主要目的是降低谷物的含水量，谷物中水分排出需要依靠汽化，干燥过程就是为玉米中水分汽化创造条件和汽化过程，现有的干燥方式都要利用一种介质和谷物接触，常用的干燥介质有空气、干燥空气、烟道气和空气的混合气等，这些介质在同粮食接触时带走水分达到对粮食干燥目的，通常这一过程分为4个阶段，即预热、水分汽化、缓苏和冷却。

目前，冀州市采用的烘干机主要是河南中农福安农业装备有限公司生产的5HY－3.2型谷物烘干机，该机具有以下特点。

（1）三段式烘干法，烘后谷物品质优良。

（2）自动循环系统，干燥均匀。

（3）超大提斗，快速卸料器，上料、出料、装卸速度快。

（4）成本低，节能降耗，排水效果好。

（5）无烟煤，烟煤，远红外线，多种热源可选。

附件　冀州市农业气候情况综述

气候资源：冀州市属于北半球暖温带半干旱地区，受东亚季风气候影响，四季分明，冷暖干湿差异较大。夏季受太平洋副高边沿的偏南气流影响，潮湿酷热，降水集中；冬季受西北气流影响，在蒙古冷高压控制下，西伯利亚的冷空气时常袭来，气候干冷，雨雪稀少；春季干燥多风增温快；秋季多天高气爽天气，有时有连阴雨天气。寒旱同期，雨热同季，四季分明，光照充足，宜于作物生长。常年平均（1986—2008 年平均，下同）气温为 13.4℃，气温变化规律是：夏季温度最高，冬季最低，春秋介于其间。日照时数为 2 459.3小时，平均日照百分率为55%，太阳辐射总量为123.664kJ/m^2，能满足农作物生长的需要。常年平均降水量为448.0mm，季节间降水分布不均。夏季多雨，易出现春旱夏涝秋吊的现象，适量降水日数为 11 天，仅占总降水日的 13.6%，小于 10mm 的降水多被植被所截留，不能渗入到植物根部，大于 50mm 的降水多失于径流，因此，降水利用价值低。

一　月

天气最冷，平均气温为 -1.8℃，最低温度为 -18.9℃，（1990 年 1 月 2 日），水面结冰，土壤封冻。月平均日照时数为 141.9h，降水量为 2.6mm，雪雨少，对小麦越冬不利。

二　月

平均气温 2.1℃，上旬温度多以零下温度为主，下旬在零度以上，月平均日照时数为 172.9h，降水量为 6.1mm。日平均气温稳定通过≥0℃ 的初日，平均在 2 月 26 日，表示土壤开始解冻，小麦开始生长，进入农耕期。

三　月

平均气温为8.1℃，日平均气温稳定通过≥5℃的初日平均为3月17日，是小麦分蘖盛期的下限，多数树木开始萌动，农作物开始生长。平均日照时数为245.8h，为全年最多。平均降水量13.5mm，年季间分布不均，有56.5%的年份3月降水不足10mm。春旱严重，风多风大，土壤蒸发快，对春作物播种造成很大影响。

四　月

平均气温为15.1℃。平均气温稳定通过≥10℃以后，中温作物和高温作物开始播种，越冬作物和多年生木本植物开始活跃生长，据统计≥10℃的初日平均在4月1日，终日为10月30日，平均间隔214天，累计积温平均4 624.4℃。日平均气温稳定通过≥15℃以后，高温作物开始活跃生长，棉花、花生等进入播种期，冀州市≥15℃的初日平均在4月19日，终日平均在10月11日，平均间隔日数为178天，累计积温4 189.1℃。平均日照时数为236.3h，平均降水量为19.4mm。该月是一年中平均风速最大的月份，为3.3m/s，也是大风最多的月份，并且伴有风沙。少雨多风天气，即春旱发生频率较高，"十年九旱"影响农作物春播的正常进行，因此，3—4月搞好抗旱保春播保夏收工作尤为重要。一般讲5cm地温稳定通过10～12℃是高粱、谷子、玉米等春播作物的播种指标；14～16℃是棉花播种的温度指标的下限。冀州市常年稳定通过15℃的平均初日为4月14日，终日为10月16日。

注意霜冻和低温连阴雨天气：

一是霜冻：是指在一年温暖的时期里，土壤表面和植物表面温度下降到足以引起植物遭受伤害或者死亡的短时间低温冻害，霜冻又分春霜冻和秋霜冻两种类型，春霜冻会对冀州市果树生长

开花、小麦生长、棉花生长造成不同程度的冻害。冀州市初霜日平均为10月23日，最早为10月5日，最晚为11月9日。终霜日（春霜冻）多年平均在3月27日，最早为2月14日，最晚在4月21日，无霜期为210天，最长达250天，最短为184天。可见全年无霜期比较长，有利于作物生长发育，只要科学选用品种、合理搭配一年二熟作物品种，均能正常成熟收获，同时，霜冻灾害对农业造成危害的年份也不多。

二是低温连阴雨：从4月中旬到5月上旬，正是棉花播种出苗期，冀州市出现低温连阴雨的年率较高，一般3～4年一遇，因此，棉花播种应在适宜范围内，不提倡早播种，适当晚播，在棉花出苗时也能躲过，4月下旬可能出现终霜冻，造成冻苗、伤苗。

五　　月

平均气温20.8℃，平均稳定通过≥20℃的初日平均在5月18日，终日平均在9月14日，≥20℃是喜温作物光合作用最适宜温度范围的下限，是玉米、高粱完全成熟的界限温度。平均日照时数为257.8h，为全年最多。历年日照极数出现在1996年5月，为301.5h。年太阳辐射总量为123.664kJ/cm^2，5月最多，12月最少。作物生长比较旺盛的5—9月，太阳辐射总量为65.086千卡/cm^2，能满足作物生长的需要。平均降水量37.8mm，雨水偏少。

注意干热风：干热风是一种高温低湿并伴有一定风力的天气现象，是冬小麦生育后期的一种主要自然灾害，干热风几乎年年都有发生，弱干热风是指气温≥30℃，空气相对湿度≤30%，风速≥3m/s，平均开始日期为5月20日，最早为5月1日，最晚为6月9日；中干热风是指气温≥33℃，空气相对湿度≤25%，风速≥3m/s，平均开始日期为5月28日，最早为5月9日，最晚为6月8日；强干热风是指气温≥35℃，空气相对湿度≤

20%，风速6m/s，平均开始日期为5月27日，最早为5月8日，最晚为6月10日。中、强干热风出现的频率为98%。干热风对冬小麦的影响分为3种类型：一是高温低湿型。特点是大气特别干燥，高温风速大的天气，使小麦干尖、炸芒、植株枯黄。二是雨后枯熟型。特点是雨后高温或猛晴，造成冬小麦青枯或枯熟。三是旱风型。特点是空气湿度小、风速大，气温不一定很高，它影响小麦后期灌浆，降低千粒重，造成小麦不同程度的减产。

六　月

平均气温25.6℃，平均光照时数230.5h，适合各种农作物正常生长发育，月降水量平均为52.5mm，6月中旬至7月上旬为初夏，干旱少雨也是此季的特点。尤其是夏种作物如玉米、谷子等作物播种都需要灌溉，方能保证一播全苗。棉花等作物则应注意浇好关键水，搭好丰产架子。

注意大风冰雹：大风冰雹是此期的灾害性天气，冀州市几乎年年发生，据1986—2008年统计，有21年发生了不同程度的雹灾，但因雹灾时间、灾害程度的不同，作物受灾范围、面积和灾情也不同，有的年份轻，有的年份也造成减产，甚至绝收。如2004年6月20日下午，雹灾是冀州市历史上受灾面积最大的一年，涉及西王、徐庄、码头李3个乡镇，造成棉花掉枝、掉叶，严重的造成光杆，形成棉茬儿、干枯、死亡，毁种其他作物。每次冰雹都伴有雷雨大风，虽然短暂，但其风力甚猛，破坏力极大。衡市出现冰雹时间多在6—7月，最早发生在1988年4月3日，最晚发生在1990年9月16日，80%以上年份发生在6月，多发生在中午及午后，方向大多数来自西北，全市冰雹路径大致有3条：①从衡水到河沿移向本市的魏屯至枣强的滕村。②由深州的大屯移向冀州的西沙、东兴、冀州镇、殷庄进入枣强的枣强镇。③从石家庄地区南部移向本市的西王、码头李、南午村进入枣强的张秀屯镇。上述3条路径，以第二和第三最为常见，强度

也比较大。

七　　月

该月平均气温 26.7℃，为全年最热，日最高气温可达 42.7℃（2002 年 7 月 15 日）。日照时数 192.6h，月平均降水量 146.7mm。7—8 月平均风速渐小，大风天气减少，进入雨季，云量较多，湿度很大，日照时数相应减少，特别是对光照敏感的棉花，常造成蕾铃脱落，导致减产。据资料统计，历史上涝灾发生频率较高，但 1986 年以来无涝灾，对农业生产影响较小。7 月中旬进入伏天，到 8 月下旬数伏结束，一般中伏和末伏易出现伏旱，常形成玉米卡脖旱，棉花生长发育缓慢，造成粮食减产，棉花减收。

八　　月

月平均气温 25.6℃，仅次于 7 月，日照时数 146.7h，降水量 100.4mm。从 7 月中旬到 8 月中旬各种作物生长旺盛，8 月虽然历年旱年与偏旱年份占到 40% 以上，但是多数年份农作物生长正常，没有什么大的自然灾害性天气。

九　　月

月平均气温 20.8℃，日照时数 207.9h，降水量 35.7mm。从 8 月中旬到 9 月底为秋天，秋旱也时有发生，旱年与偏旱年份占到了 50% 以上，仅次于春旱，但秋高气爽，光照充足，到 9 月中、下旬，棉花已进入吐絮期，秋收作物陆续成熟收获，大多年份气候正常。

十　　月

平均气温 15.2℃，温度开始下降，对棉花来讲气温低于 16℃，棉铃就不再增重。对冬小麦播种来讲适宜的日平均气温为 15 ~ 18℃。日照时数 188.1h，降水量 25.7mm。此时各种作物进入成熟收获期，冬小麦也陆续播种。但 2007 年从 9 月 26 日开始，遇到了历史上罕见的连阴雨天气，到 10 月 10 日结束，持续了半个月，累计降水69mm，雨日14天，轻雾14天，无日照日数12天，10月2日、7日、8日3天日照时数只有11.5h，严重影响农作物正常收获，造成玉米不能收获，收了不能晾晒，发芽、发霉，棉花不能采摘，开裂的棉桃种子湿涨，棉絮发黄无光泽，棉桃不能正常吐絮，形成水桃子；辣椒黄尖，尤其收获了的辣椒变色变质。此次连阴雨天气使大秋作物品质下降，产量减少，种植效益降低。

十一月

平均气温6.8℃，有时夜间温度0℃以下，11月上旬立冬，表示冬天开始。下旬地表水出现结冰，此时是麦田浇冬水，也是冬灌的有利时机，即夜冻昼消。冬小麦品种需在0～5℃，经过35天以上完成春化阶段，才能形成结实器官，但如果温度过低，春化速度减慢，温度过高就不能完成春化阶段，因此，11月中下旬至12月上中旬正是小麦春化阶段，冀州市气温是能顺利完成小麦春化阶段的。平均日照时数161.4h，降水量16.9mm，对小麦生长还是比较有利的。

十二月

平均气温0.4℃，气温稳定在3℃以下时，冬小麦停止生长，日均气温≤0℃时，进入越冬期。平均日照时数148.9h，是一年中最少的一个月份，平均降水量2.8mm，雨雪偏少，不利于冬小麦安全越冬。